广东省省级生态环境专项资金项目
"广东省 2016、2018 和 2020 年温室气体清单编制"成果
（项目编号：STQH-2021-050）

U0396313

广东节能
基础和潜力研究

张佳鎏　田中华　朱雪飞　陈佳蕊　编著

华南理工大学出版社
SOUTH CHINA UNIVERSITY OF TECHNOLOGY PRESS
·广州·

图书在版编目（CIP）数据

广东节能基础和潜力研究／张佳銮等编著. — 广州：华南理工大学出版社，2023.7

ISBN 978－7－5623－7264－6

Ⅰ．①广…　Ⅱ．①张…　Ⅲ．①节能-研究-广东　Ⅳ．①TK01

中国国家版本馆 CIP 数据核字（2023）第 058596 号

Guangdong Jieneng Jichu He Qianli Yanjiu

广东节能基础和潜力研究

张佳銮 等　编著

出 版 人：柯　宁

出版发行：华南理工大学出版社

　　　　　（广州五山华南理工大学 17 号楼　邮编：510640）

　　　　　http://hg.cb.scut.edu.cn　E-mail: scutc13@scut.edu.cn

　　　　　营销部电话：020－87113487　87111048（传真）

责任编辑：付爱萍

责任校对：龙祈君

印 刷 者：广州市人杰彩印厂

开　　本：787mm×960mm　1/16　印张：8　字数：131 千

版　　次：2023 年 7 月第 1 版

印　　次：2023 年 7 月第 1 次

定　　价：58.00 元

前 言

PREFACE

节约能源是我国的基本国策，是实现碳达峰、碳中和目标的重要抓手，也是未来中长期我国低碳工作的重中之重。实践表明，节能对降碳具有显著的直接的作用，也是当前和未来较长一段时间内实现"双碳"达标最高效、最经济的手段。随着我国迈入新发展阶段，能源领域的主要任务从努力满足需求、解决"有没有"的问题，转变为满足人民美好生活需要、解决"好不好""绿不绿"的问题。为适应经济社会的发展及能源转型，贯彻落实新发展理念，抓住新一轮能源结构调整和能源技术变革机遇，国家不断调整和完善能源政策，《国务院办公厅转发国家发展改革委国家能源局关于促进新时代新能源高质量发展实施方案的通知》（国办函〔2022〕39号）对我国建设现代能源体系、推动能源生产消费方式转变、实现能源高质量发展提出了明确的发展目标和实施路径。2022年10月，党的二十大召开，习近平总书记提出要加快发展方式绿色转型，实施全面节约战略，推进各类资源节约集约利用，加快构建废弃物循环利用体系，并提出加快节能降碳先进技术研发和推广应用，推动形成绿色低碳生产方式和生活方式。

广东作为全国经济大省和能源消费大省，当前经济社会持续发展，人民生活水平不断提高，产业发展不断升级，对能源的需求总体呈现上升趋势。"十四五"期间，广东还将从延链、补链、强链的角度部署一批能耗需求较高的重大项目；与此同时，广东现有的重点耗能行业能效水平仍参差不齐，与国内、国际先进水平存在一定差距。因此，在努力实现碳达峰、碳中和目标的大背景下，为进一步推动广东经济、产业和能源协调发展，对广东节能潜力开展研究和分析是十分必要的。在大量调研的基础上，本书梳理了广东能耗"双控"政策及实施情况，分析诊断了当前广东节能工作中存在的主要问题，从产业结构调整、能源结构调整和区域节能等多个维度分析其对节能的贡献程度。在借鉴国内外先进节能经验的同时，结合实际案例，著者对广东"十四五"期间及中长期重点领域、重点行业（钢铁、石化、水泥、电力、陶瓷、纺织、造纸、有色金属、数据中心等）的节能潜力展开分析，给出了推动广东节能降耗的一些措施及建议。

感谢广东省生态环境厅、广东省科学技术厅、广东省能源局、广东省节能中心、佛山市发展改革局、东莞市发展改革局、惠州市能源和重点项目局、珠海市发展改革局等有关部门领导、专家的帮助和支持。书中参考了大量相关文献及数据资料，在此一并表示感谢。

由于著者理论水平和实践经验有限，加之未能收集最新资料，书中难免有疏漏与不足之处，恳请读者批评指正。

著　者
2023 年 2 月

目 录

CONTENTS

第一章　广东节能降耗的背景和意义

广东省认真贯彻落实习近平生态文明思想和节约资源基本国策,扎实推进党中央、国务院关于能耗"双控"重要部署,强化节能提高能效,保障合理用能,落实绿色发展理念,加快形成资源节约、环境友好的生产方式和消费模式,以尽可能少的能源消耗支撑经济社会持续健康发展。

"十二五"时期,广东实现单位 GDP 能耗累计下降 20.98%,超额完成国家下达的目标(18%)。"十三五"时期,广东省持续加大节能降耗工作力度,单位 GDP 能耗累计下降 14.5%,扣除单列的重大项目,广东超额完成了国家下达的能耗强度下降任务。

广东的单位 GDP 能耗在全国处于领先地位,在源头管控、坚决遏制"两高"项目盲目发展、加快淘汰落后产能和落后用能设备等方面已取得显著成效。2020 年,广东省能耗强度为 0.31 吨标准煤/万元,仅为全国平均水平的 2/3。但是,对标"双碳"目标以及广东提出的 2035 年能源利用效率力争达到世界先进水平的目标,下一步仍需加快转变发展方式,优化经济结构、持续提升用能效率。

为使读者对广东省的节能发展现状有更清晰的认识,本章通过分析"十一五""十二五""十三五"的能源消费数据,主要包括能源消费总量和能源消费强度(单位 GDP 能耗),同时结合广东省的能源双控政策,总结广东省能源发展趋势。

第一节　能源消费情况

2020 年,广东省能源消费总量 3.45 亿吨标准煤,排名全国第二,仅低于山东;广东省能耗强度为 0.31 吨标准煤/万元(当年价),约为全国平均水平的 2/3，仅高于北京、上海。尽管广东省单位 GDP 能耗在国内处于领先水平，但与发达国家相比仍差距明显，是美国、日本、德国的 1.5～2 倍，钢铁、水泥、石化等重点耗能行业能效水平离国内、国际先进水平尚有一定差距。广东省以工业为主的第二产业能源强度远高于其他产业，是影响广东能源强度的最主要因素。目前，美国、德国、日本和韩国等发达国家已完成工业化进程，工业能源强度处于 1.6 吨标准煤/万美元以下的较低水平，而广东每万美元工业能耗约 4 吨标准煤，远高于发达国家水平。

随着生活水平的提高，居民生活用能不断快速增长。"十一五""十二五"期间和"十三五"前四年，广东省 GDP 年均分别增长 12.4%、8.5% 和 7.01%；居民生活用能年均分别增长 7.9%、9.2% 和 5.65%；单位 GDP 生活用能累计分别下降 18.5%、上升 4.87%、下降 4.98%，对单位 GDP 能耗下降的贡献分别为 13.2%、－2.4%、6.4%。2020 年，由于疫情影响及 6 月至 9 月天气原因，广东省生活用能增长迅速，2020 年 9 月全社会用电中居民生活用电接近 855 亿千瓦时，约占全社会用电的 17%，而当月广东省第三产业用电为 1052 亿千瓦时，约占全社会用电的 21%，生活用电占比呈现明显升高的态势。与此同时，广东省 GDP 增速前三季度比 2019 年同期仅增长 0.7%，居民生活耗能对全省单位 GDP 能耗的负面影响非常明显。"十四五"时期，居民生活用能预计还将保持较快增长，如果 GDP 增长放缓，将对单位 GDP 能耗持续下降带来明显不利影响。

第二节　新发展格局的节能要求

一、"十四五"时期广东省能源发展新要求

随着我国迈入新发展阶段，能源领域的主要任务从努力满足需求、解决"有没有"的问题，转变为满足人民美好生活需要、解决"好不好""绿不绿"的问题。为适应经济社会发展、能源转型的需要，贯彻落实新发展理念，抓住新一轮能源结构调整和能源技术变革机遇，国家不断调整和完善能源政策。2022 年 1 月，国家发展改革委、国家能源局发布《"十

四五"现代能源体系规划》，对我国建设现代能源体系、推动能源生产消费方式转变、实现能源高质量发展提出了明确的发展目标和实施路径，也对广东省能源发展提出了更新更高的要求。

1. 更加注重绿色低碳

绿色发展是新发展理念的重要组成部分，是永续发展的必要条件，是高质量发展的基本要求。2020 年以来，习近平总书记作出系列重要讲话，明确提出我国二氧化碳排放力争于 2030 年前达到峰值，努力争取 2060 年前实现碳中和，到 2030 年我国非化石能源占一次能源消费比重将达到 25% 左右，风电、太阳能发电总装机规模容量将达到 12 亿千瓦以上，并将碳达峰、碳中和纳入生态文明建设整体布局。这意味着我国经济、社会将迎来全面低碳变革，能源清洁低碳转型将提档加速。作为全国首批低碳试点省份，广东已在国内率先形成全方位、多层次的低碳试点体系，并力争早日实现碳达峰。"十四五"是实现碳达峰的关键期、窗口期，广东能源绿色低碳发展面临更高要求，需加快能源结构优化调整步伐，发挥资源禀赋优势，以更大力度推进风电、核电、光伏等非化石能源发展，控制化石能源总量，构建以新能源为主体的新型电力系统，提高能源利用效率，为实现全国碳排放达峰、碳中和目标作出贡献。

2. 更加注重智能创新

在新一轮科技浪潮的影响下，能源和信息技术的深度融合是大势所趋。2020 年国家将智慧能源纳入"新基建"发展范畴。广东省是国家数字经济创新发展试验区，是国家推进智慧能源创新试点的前沿阵地，深度融合智慧城市、互联网、智能化信息化技术与能源系统及能源市场，实现横向多能互补、纵向源网荷储高效互动，促进生产和需求的有效匹配，这样一方面可有效提高能源利用效率，提升能源系统的高效性、经济性；另一方面也将推动形成能源新产业、新业态和新模式，全面激活能源系统和市场的活力，为新时期经济发展注入新的动能。

3. 更加注重安全保障

在当前复杂多变的国际形势下，广东省能源系统面临的外部环境将更为复杂，保障能源安全将面临更大挑战。2020 年国家将保障能源供应安全作为"六保"任务之一，将能源安全上升到国家战略的高度。广东省作为能源消费大省、资源小省，能源安全面临很大的不确定性。必须充分利用好"两个市场、两种资源"，形成煤、油、气、核、新能源等多轮驱动的能源供给体系，补齐产供储销体系短板，力争做到资源供应有保障、平均价格可承受、产供储销有弹性，提升能源体系的安全性。

二、粤港澳大湾区能源绿色发展格局

1. 功能定位

以"湾区所向，港澳所需，广东所能"为导向，充分尊重港澳能源发展意愿并突出港澳独特优势，充分发挥内地对港澳能源供应保障作用，形成粤港澳统筹协调、互联互通、优势互补、合作共赢的能源发展关系。围绕大湾区五大战略定位，将大湾区建成多元安全的城市群能源供应典范、清洁能源绿色发展示范区、智慧能源创新发展引领区、能源管理体制机制改革先行地、能源产业与新技术装备创新基地、能源国际合作的窗口和桥梁。

（1）多元安全的城市群能源供应典范。构建多元化能源供应体系，强化能源储运网络，建立完善能源抗风险体系，增强系统预警、防范和化解能源重大风险的能力，为大湾区建成世界级城市群提供坚强安全的能源保障。

（2）清洁能源绿色发展示范区。着力优化能源结构，不断提高清洁能源比重，推动氢能、天然气水合物等新型能源开发利用。深入推进节能减排，推广应用节能环保技术，建成城市群清洁能源供给体系，为其他地区能源绿色发展提供示范。

（3）智慧能源创新发展引领区。加大能源科技创新投入，推动能源领域政产学研合作，着力培育智慧能源创新产业生态圈。深入推进能源互联网和智慧能源规划建设，将大湾区打造成能源与互联网、物联网充分融合的智慧创新"硅谷"。

（4）能源管理体制机制改革先行地。探索创新能源管理体制机制，推动粤港澳能源市场一体化，促进各类能源要素自由流通和高效配置。创新能源协调监管、投融资、价格等机制和市场交易模式，着力破除能源体制机制障碍。

（5）能源产业与新技术装备创新基地。发挥政府规划引领协调作用，强化企业能源科技创新主体地位，建设能源产业自主创新高地和先进制造产业基地，培育一批具有国际竞争力的世界级能源企业和品牌，成为世界重大能源装备研发与制造基地和产品供应商。

（6）能源国际合作的窗口和桥梁。发挥大湾区区位、技术创新、装备产业等方面优势，携手打造"一带一路"能源国际合作窗口和桥梁，在能源进出口、基础设施建设、先进装备制造、能源金融等方面开展全方位合作。积极融入国际能源市场，增强对外辐射作用，推动建立国际能源合作新格局。

2. 发展目标

到 2022 年，初步形成清洁低碳、安全高效的现代能源体系。粤港澳能源协同发展的体制机制初步形成；能源储运体系基本建成，能源供应保障水平明显提升；能源结构进一步优化，天然气、非化石能源消费比重明显提升；能源利用效率国内领先；新兴能源产业体系初步形成，能源技术自主创新能力有所增强，能源重大装备制造能力有所提升。

到 2025 年，基本建成清洁低碳、安全高效的现代能源体系。粤港澳能源协同发展的体制机制基本建立；能源供应保障和抗风险能力明显增强；能源结构明显优化；能源利用效率保持国内领先，与世界先进水平的差距缩小；新兴能源产业体系基本形成，能源技术自主创新体系初步形成，能源重大装备制造能力显著提升。

到 2035 年，全面建成清洁低碳、安全高效、智能创新、开放共享的现代能源体系，形成能源供应清洁化、能源传输智能化、能源利用高效化的发展格局。粤港澳三地能源行业达到深度合作；能源消费总量达峰，能源结构深度优化，化石能源消费比重显著下降；能源利用效率、能源科技创新能力、能源重大装备制造能力达到世界先进水平（表 1-1）。

表1-1 粤港澳大湾区能源发展目标

	总量目标	结构目标	效率目标	民生目标
2022年	能源消费总量控制在约2.9亿吨标准煤。区内电源装机容量达9200万千瓦,天然气供应能力和储备能力分别达450亿立方米、36亿立方米	煤炭、石油、天然气、一次电力及其他能源消费的比重分别为18%、26%、17%、39%,非化石能源消费比重提升至27%,电能占终端能源消费比重达43%	单位GDP能耗、单位GDP电耗分别下降至0.24吨标准煤/万元、520千瓦时/万元	人均能源消费、人均用电量、人均用气量分别为3.86吨标准煤、8420千瓦时、485立方米
2025年	能源消费总量控制在约3亿吨标准煤。区内电源机容量达9500万~9700万千瓦,天然气供应能力和储备能力分别达500亿立方米、40亿立方米	煤炭、石油、天然气、一次电力及其他能源消费的比重分别为12%、24%~26%、18%、45%~46%。非化石能源消费比重提升至31%,电能占终端能源消费比重达44%~45%	单位GDP能耗、单位GDP电耗分别下降至0.21吨标准煤/万元、470~480千瓦时/万元	人均能源消费、人均用电量、人均用气量分别达3.94吨标准煤、8850~9040千瓦时、520立方米
2035年	能源消费总量控制在约3.2亿吨标准煤。区内电装机容量达11500万~12500万千瓦,天然气供应能力和储备能力分别达730亿立方米、57亿立方米	煤炭、石油、天然气、一次电力及其他能源消费的比重分别为5%~6%、18%~20%、21%~24%、52%~53%,非化石能源消费比重提升至38%~39%,电能占终端能源消费比重达49%~52%	单位GDP能耗、单位GDP电耗分别下降至0.13吨标准煤/万元、310~330千瓦时/万元	人均能源消费、人均用电量、人均用气量分别达3.81吨标准煤、8970~9400千瓦时、610~680立方米

　　粤港澳大湾区产业结构将持续优化,但第二产业仍将维持相对较高的份额。根据已有相关研究成果,综合考虑大湾区现代化产业体系、"煤改气"、电能替代、能效提升、居民生活用能增加等因素,大湾区能源消费总量仍将在一段时期内持续增长,但能源消费增速将逐步趋缓,预计将在2030年左右达到峰值,2035年后开始回落,到2050年将进一步回落。

三、"一核一带一区"发展定位

1. 发展基础与总体格局

党的十八大以来,大力实施粤东西北地区振兴发展战略,全省区域差距扩大的趋势有所减缓,但发展差距偏大的格局尚未实现根本转变,粤东、粤西、粤北地区内生发展动力亟待增强,基础设施建设和基本公共服务均等化方面存在突出短板,区域政策体系与机制仍不健全,定位清晰、各具特色、协同协调的区域发展格局尚未形成。缩小粤东、粤西、粤北地区与珠三角地区差距,是广东区域协调发展的紧迫任务。以功能区战略定位为引领,加快构建形成由珠三角地区、沿海经济带、北部生态发展区构成的"一核一带一区"区域发展新格局。

"一核"即珠三角地区,是引领全省发展的核心区和主引擎。该区域包括广州、深圳、珠海、佛山、惠州、东莞、中山、江门、肇庆9市。重点对标建设世界级城市群,推进区域深度一体化,加快推动珠江口东西两岸融合互动发展,携手港澳共建粤港澳大湾区,打造国际科技创新中心,建设具有全球竞争力的现代化经济体系,培育世界级先进制造业集群,构建全面开放新格局,率先实现高质量发展,辐射带动东西两翼地区和北部生态发展区加快发展。

"一带"即沿海经济带,是新时代全省发展的主战场。该区域包括珠三角沿海7市和东西两翼地区7市。东翼以汕头市为中心,包括汕头、汕尾、揭阳、潮州4市;西翼以湛江市为中心,包括湛江、茂名、阳江3市。重点推进汕潮揭城市群和湛茂阳都市区加快发展,强化基础设施建设和临港产业布局,疏通联系东西、连接省外的交通大通道,拓展国际航空和海运航线,对接海西经济区、海南自由贸易港和北部湾城市群,把东西两翼地区打造成全省新的增长极,与珠三角沿海地区串珠成链,共同打造世界级沿海经济带,加强海洋生态保护,构建沿海生态屏障。

"一区"即北部生态发展区,是全省重要的生态屏障。该区域包括韶关、梅州、清远、河源、云浮5市。重点以保护和修复生态环境、提供生态产品为首要任务,严格控制开发强度,大力强化生态保护和建设,构建和巩固北部生态屏障。合理引导常住人口向珠三角地区和区域城市及城镇转移，允许区域内地级市城区、县城以及各类省级以上区域重大发展平台和开发区（含高新区、产业转移工业园区，下同）点状集聚开发，发展与生态功能相适应的生态型产业，增强对珠三角地区和周边地区的服务能力，以及对外部消费人群的吸聚能力，在确保生态安全前提下实现绿色发展（表1-2）。

表1-2　"一核一带一区"发展重点任务

区域	涵盖地市	重点任务
一核	即珠三角地区，是引领全省发展的核心区和主引擎。该区域包括广州、深圳、珠海、佛山、惠州、东莞、中山、江门、肇庆9市	重点对标建设世界级城市群，推进区域深度一体化，加快推动珠江口东西两岸融合互动发展，携手港澳共建粤港澳大湾区，打造国际科技创新中心，建设具有全球竞争力的现代化经济体系，培育世界级先进制造业集群，构建全面开放新格局，率先实现高质量发展，辐射带动东西两翼地区和北部生态发展区加快发展
一带	即沿海经济带，是新时代全省发展的主战场。该区域包括珠三角沿海7市和东西两翼地区7市。东翼以汕头市为中心，包括汕头、汕尾、揭阳、潮州4市；西翼以湛江市为中心，包括湛江、茂名、阳江3市	重点推进汕潮揭城市群和湛茂阳都市区加快发展，强化基础设施建设和临港产业布局，疏通联系东西、连接省外的交通大通道，拓展国际航空和海运航线，对接海西经济区、海南自由贸易港和北部湾城市群，把东西两翼地区打造成全省新的增长极，与珠三角沿海地区串珠成链，共同打造世界级沿海经济带，加强海洋生态保护，构建沿海生态屏障
一区	即北部生态发展区，是全省重要的生态屏障。该区域包括韶关、梅州、清远、河源、云浮5市	重点以保护和修复生态环境、提供生态产品为首要任务，严格控制开发强度，大力强化生态保护和建设，构建和巩固北部生态屏障。合理引导常住人口向珠三角地区和区域城市及城镇转移，允许区域内地级市城区、县城以及各类省级以上区域重大发展平台和开发区（含高新区、产业转移工业园区，下同）点状集聚开发，发展与生态功能相适应的生态型产业，增强对珠三角地区和周边地区的服务能力，以及对外部消费人群的吸聚能力，在确保生态安全前提下实现绿色发展

2. 发展定位

（1）"一核"。

珠三角区位优势明显，与香港、澳门构建粤港澳大湾区，合作基础良好，在"一带一路"建设中具有重要地位；经济实力雄厚，在"一核一带一区"中作为"一核"引领全省发展，珠三角9市已初步形成以战略性新兴产业为先导、先进制造业和现代服务业为主体的产业结构；创新要素集聚，创新驱动发展战略深入实施，广东全面创新改革试验稳步推进，国家自主创新示范区加快建设；国际化水平领先。

根据《粤港澳大湾区发展规划纲要》，要深入推进粤港澳大湾区建设，支持深圳建设先行示范区和广州实现老城市新活力，加快构建"一核一带一区"区域发展新格局。充分释放"双区驱动效应"，发挥广州、深圳"双核联动、比翼双飞"作用，牵引带动"一核一带一区"在各自跑道上赛龙夺锦，形成优势互补、高质量发展的区域经济布局。

珠三角地区作为"一核一带一区"中的"一核"，是引领全省发展的核心区和主引擎。该区域包括广州、深圳、珠海、佛山、惠州、东莞、中山、江门、肇庆9市。重点对标建设世界级城市群，推进区域深度一体化，加快推动珠江口东西两岸融合互动发展，携手港澳共建粤港澳大湾区，打造国际科技创新中心，建设具有全球竞争力的现代化经济体系，培育世界级先进制造业集群，构建全面开放新格局，率先实现高质量发展，辐射带动东西两翼地区和北部生态发展区加快发展。珠三角9市是内地外向度最高的经济区域和对外开放的重要窗口，在全国加快构建开放型经济新体制中具有重要地位和作用。国家治理体系的逐步完善和治理能力现代化水平的明显提高，为创新大湾区合作发展体制机制、破解合作发展中的突出问题提供了新契机。

同时，珠三角地区发展也面临诸多挑战。当前，世界经济不确定不稳定因素增多，保护主义倾向抬头，大湾区经济运行仍存在产能过剩、供给与需求结构不平衡不匹配等突出矛盾和问题，经济增长内生动力有待增强。

（2）"一带"。

粤东：粤东地区在经济全球化和区域经济一体化深入发展的情况下，

在泛珠三角、环珠三角合作不断加深的背景下，将迎来难得的发展机遇。在"一核一带一区"中，沿海经济带是新时代全省发展的主战场。该区域包括珠三角沿海7市和东西两翼地区7市。东翼以汕头市为中心，包括汕头、汕尾、揭阳、潮州4市；西翼以湛江市为中心，包括湛江、茂名、阳江3市。粤东地区在此政策背景下迎来发展机遇。要重点推进汕潮揭城市群和湛茂阳都市区加快发展，强化基础设施建设和临港产业布局，疏通联系东西、连接省外的交通大通道，拓展国际航空和海运航线，对接海西经济区、海南自由贸易港和北部湾城市群，把东西两翼地区打造成全省新增长极，与珠三角沿海地区串珠成链，共同打造世界级沿海经济带，加强海洋生态保护，构建沿海生态屏障。

据《广东省实施乡村振兴战略规划（2018—2022年)》，要梯次推进乡村振兴，粤东、粤西、粤北地区聚焦村庄提升与产业发展。到2022年，珠三角发达地区和具备条件的粤东、粤西、粤北地区，率先实现农业农村基本现代化；其他地区乡村振兴取得重大进展，农村面貌得到重大改善。

从国际上看，和平与发展仍然是当今世界的主题。经济全球化和区域经济一体化深入发展，国际金融危机引致世界经济格局变化和产业的转型升级进一步加快，国际产业向亚太地区转移的趋势没有改变。粤东地区进一步承接国际产业转移，加快推动企业走出去，加快开放型经济发展，将迎来难得的发展机遇。

据《粤东港口群发展规划（2016—2030)》，粤东地区是"粤闽经济合作区"规划建设的对台贸易合作新载体和海西重要经济增长极，要三市（汕头、潮州、揭阳）港口加强协作、形成合力，构建能力适应的粤东港口群体系，通过优势互补、错位发展提高整体服务能力，充分发挥好港口对促进区域协调发展和经济合作的基础性、战略性支撑作用。

粤东地区经济社会发展仍然面临较为严峻的挑战。一方面，国际金融危机的负面影响仍在延续，世界贸易与投资仍将处于较低的增长区间，国际产业转移的进程可能会暂时放慢，区域间承接产业转移的竞争将会更加激烈；另一方面，粤东地区产业发展和技术创新的人才支撑严重不足，人口资源环境压力较大，产业转型升级、经济结构调整、社会事业发展、统筹城乡和区域协调发展任务繁重。

粤西：统筹区域协调发展，促进粤东西北地区崛起，拓展新的发展空间，是广东省促进经济平稳较快发展的重大战略举措。粤西地区的发展面临着新的重大使命和难得的发展机遇。一是随着 CEPA（内地与港澳更紧密经贸关系安排）和国家西部大开发战略的深入实施，环北部湾经济区的加快建设，以及中国—东盟自由贸易区建设的提速，处于珠三角与北部湾、大西南联结点以及粤港澳合作次前沿的粤西地区，由于发展空间和资源条件的优势，将成为各方投资者青睐的"热点地区"。二是全球性产业调整升级步伐加快，尤其是重化工业、先进制造业加快向我国沿海地区转移，珠三角地区不少企业也纷纷向外寻找新的发展空间，粤西地区凭借优越的区位优势，成为产业转移的理想之地，有利于引进带动力强、技术含量高的重大项目。

"一区"：世界经济在国际金融危机之后开始进入复苏轨道，国际生产要素流动和产业转移步伐加快的趋势不会改变，有利于粤北地区扩大开放、加快发展；贯彻落实科学发展观，构建和谐社会要求以人为本，建设生态文明，统筹人与自然和谐发展，有利于粤北地区的生态建设；国内工业化、信息化、城镇化、市场化进程加快，居民消费进入转型升级阶段，有利于促进粤北地区产业结构的调整优化；珠三角地区沿着交通干线、沿着市场辐射方向、沿着成本落差方向进行资金、技术和产业转移的趋势越来越明显，有利于粤北地区发挥山区资源禀赋和后发优势，通过融入珠三角促进自身发展。

粤北地区土地、林业、矿产和旅游资源丰富，适宜发展现代采掘业和精深加工业，延伸矿产品产业链；生态环境得天独厚，有利于建立起与国际接轨的绿色食品标准体系，有利于发展生态旅游，适宜创业和人居；土地、劳动力、水、电等要素相对充裕，发展成本相对较低，后发优势逐渐凸显；省委省政府加大对欠发达地区的政策扶持，粤北地区加快发展具有良好的政策环境。

据《广东省开发区总体发展规划（2020—2035 年）》，要探索北部生态发展区开发区绿色发展新路径。集中力量做强地级市开发区。推动韶关高新区、河源高新区、梅州高新区（广梅产业园）、清远高新区、佛山（云浮）产业转移工业园等开发区，利用出省通道交通枢纽的区位优势，承接珠三角转移过程中实现产业的二次创新，发展战略性新兴产业、商贸流通等。支持有条件的开发区与珠三角地区开展产业共建合作、互惠互利发展。支持广东省产业转移工业园申报国家级经开区或国家级高新区。

第三节　能耗"双控"政策及定义

能耗"双控"是指单位 GDP 能耗（即能耗强度）控制和能源消费总量（即能耗总量，在一个考核期内通常用其增量计）控制。

一、能耗强度

能耗强度是能源消费总量与国内生产总值（GDP）的比率，其表明一个国家或地区经济活动中对能源的利用程度，是反映能源利用效率和节能降耗状况的主要指标。按照现行政策，能耗强度下降控制指标是国务院对省级政府考核的重要约束性指标。

二、能耗总量

能耗总量是指一个国家或地区国民经济各行业和居民生活在一定时间内消费各种能源的总和。按照现行政策，能耗总量控制指标是一个弹性指标，如未完成在考核时将无法达到"优秀"等级，但不会被问责。2022年政府工作报告指出，我国能耗强度目标在"十四五"规划期内将统筹考核，并留有适当弹性，新增可再生能源和原料用能不纳入能源消费总量控制。《国家发展改革委、国家统计局、国家能源局关于进一步做好新增可再生能源消费不纳入能源消费总量控制有关工作的通知》（发改运行〔2022〕1258 号）明确了新增可再生能源（包括风电、太阳能发电、水电、生物质发电、地热能）消费不纳入能源消费总量控制。根据《国家发展改革委 国家统计局关于进一步做好原料用能不纳入能源消费总量控制有关工作的通知》（发改环资〔2022〕803 号），原料用能不纳入能源消费总量控制，这是完善能源消耗总量和强度调控的重要举措，对保障高质量发展合理用能需求具有重要意义。原料用能指用作原材料的能源消费，即能源产品不作为燃料、动力使用，而作为生产非能源产品的原料、材料使用。用于生产非能源用途的烯烃、芳烃、炔烃、醇类、合成氨等产品的煤炭、石油、天然气及其制品等，属于原料用能范畴；若用作燃料、动力使用，不属于原料用能范畴。在国家开展的"十四五"省级人民政府节能目标责任评价考核中，将原料用能消费量从各地区能源消费总量中扣除，据此核算各地区能耗强度降低指标。在核算能耗强度时，原料用能消费量从各地区能源消费总量中扣除，地区生产总值不作调整。在核算能耗强度降低率时，原料用能消费量同步从基年和目标年度能源消费总量中扣除。

三、能耗强度与能耗总量的关系

能耗强度与 GDP 增速、能耗总量密切相关，如果在一定时间内 GDP 增速和能耗强度下降目标确定，能耗总量增量则须控制在一定额度以内。假如某地区"十四五"GDP 年均增长 5.5%，国家给该地区下达能耗强度下降 14.5% 的目标任务，则该地区能耗总量增量就必须控制在 4050 万吨标准煤以内，否则能耗强度下降这一约束性指标就难以完成。

四、能耗"双控"政策的由来

"十一五"开始，国家仅实行能耗强度控制，未实行能耗总量控制。习近平总书记在 2014 年 6 月中央财经领导小组第六次会议上提出"推动能源消费革命，抵制不合理能源消费。坚决控制能源消费总量，有效落实节能优先方针"。2015 年 10 月，习近平总书记在党的十八届五中全会上进一步强调，"能耗双控是推动生态文明建设，解决资源约束趋紧、环境污染严重、生态系统退化问题的硬措施"。为此，国家从"十三五"开始下达省级政府能耗强度下降和能耗总量控制目标任务，实行能耗"双控"目标责任评价考核。

五、能耗"双控"相关政策

"十三五"前四年国家对能耗"双控"考核结果的应用相对宽松，如未完成能耗"双控"目标任务，仅是通报批评，未进行问责。然而自 2020

年9月22日习近平总书记在第七十五届联合国大会一般辩论上郑重宣示中国力争2030年碳达峰、2060年碳中和以来，国家开始将能耗"双控"作为实现"双碳"目标的重要抓手。中办、国办2021年4月印发《关于坚决遏制"两高"项目盲目发展的通知》（以下简称"12号文"），明确提出要采取强有力措施，严格落实能耗"双控"及碳排放控制要求，坚决遏制"两高"项目盲目发展；强调要从严查处违反产业政策、未按要求办理节能审查的"两高"项目。国家发展改革委在解读12号文时进一步强调新上"两高"项目要落实用能指标来源，新上项目不得影响能耗强度下降目标的完成。

六、广东省能耗"双控"工作情况

经过"十二五""十三五"的努力，广东省能耗强度累计下降32%，能耗强度按2020年可比价已降至0.31吨标准煤/万元（仅次于北京、上海，为全国平均水平的63.6%），持续下降空间有限。2020年，广东省能耗总量3.45亿吨标准煤，以占全国6.9%的能源消费支撑了占全国10.9%的经济总量。广东省六大高耗能行业能耗强度是全省能耗强度平均水平（0.31吨标准煤/万元）5.35倍，尤其是乙烯等基础化学原料制造和炼钢项目，其能耗强度是全省平均水平的16～20倍，新上此类项目对完成国家下达的能耗强度下降目标影响较大。

一直以来，广东省非常重视能耗"双控"工作，"十三五"期间，广东省通过加快推动能源结构调整，以能源节约倒逼产业转型升级和经济结构调整，促进单位GDP能耗进一步降低、合理控制能源消费总量。具体采取的措施主要包括：一是以规划政策为先导，强化节能工作统筹作用；二是以重点领域为抓手，深入推进工业、交通、建筑、公共机构节能降耗工作；三是以新兴产业为引领，大力提升经济绿色含量；四是持续开展节能宣传，提升全社会节能减排参与程度。

1. 规划政策

规划政策方面，"十三五"期间，广东省牢固树立新发展理念，将绿色发展上升为重要生产力和核心竞争力，把节能工作摆在突出位置，先后编制印发了《广东省节能减排"十三五"规划》《广东省能源消费总量控制工作方案》《广东省交通运输节能减排"十三五"规划》《广东省公共机构节约能源资源"十三五"规划》等节能政策文件，全面落实国家下达给广东省的能耗总量和强度"双控"目标，合理引导能源需求，提升能源利用效率。根据省内 21 个地级以上市的经济发展、产业结构和能源消费等情况，将"十三五"能耗总量和强度"双控"目标分解下达到各地级以上市政府，实施年度考核，确保完成国家下达任务。2018 年，广东省印发《广东省固定资产投资项目节能审查实施办法》（粤发改资环〔2018〕268 号），深入推进和完善节能审查制度建设，进一步增强节能审查制度的约束力，发挥好从源头上调控能源消费总量、优化能源消费结构、提升能源利用效率、促进产业绿色转型的作用。

2. 重点领域

重点领域节能主要围绕工业、建筑、交通、公共机构节能开展。

在工业节能方面，广东省全面深化工业企业节能，绿色制造体系逐步建立。广东省积极优化产业结构，以供给侧结构性改革为导向，通过加强节能评估审查、淘汰落后产业、差别化电价、加快战略性新兴产业发展等多种手段，不断优化产业结构，第一、二、三次产业结构由 2015 年的 4.3∶45.5∶50.1% 优化为 2020 年的 4.3∶39.2∶56.5%；进一步提升主要耗能行业能效水平，电力、原油加工、乙烯、铅冶炼、铝加工、平板玻璃和造纸等行业单位产品综合能耗比 2015 年水平下降，其中全省炼油、乙烯等产品平均能耗也已达到国内先进水平；加强重点用能单位节能管理，在水泥、玻璃、造纸、钢铁、纺织、石化、有色金属等 7 个重点行业持续开展能效对标工作，引导企业通过对标达标追逐行业"领跑者"；积极构建绿色制造体系，印发《广东省绿色制造体系建设实施方案》。

在建筑节能方面，广东省大力推进建筑节能发展，绿色建筑和装配式建筑发展迅速。广东省积极推动新建建筑节能工作，城镇新建民用建筑节能强制性标准执行率达到 100%，开展绿色建筑量质齐升行动，推进装配式建筑示范城市、示范项目和产业基地的建设工作；印发实施《广东省"十三五"建筑节能与绿色建筑发展规划》《广东省绿色建筑量质齐升三年行动方案（2018—2020 年）》《广东省装配式建筑发展专项规划编制工作指引》等文件；进一步强化城镇新建民用建筑全面执行建筑节能标准，加强民用建筑能耗统计、审计、公示、监测工作。

在交通节能方面，广东省积极实施交通运输节能，加快形成绿色交通运输方式。广东省编制出台《广东省交通运输节能减排"十三五"发展规划》《广东省绿色交通三年行动计划（2018—2020年）》等一系列促进绿色交通运输方式的相关文件；积极优化综合运输服务网络，全省建成通车多个高速公路项目，推行环保、水保、节能措施"三个同步"，实现项目建成、同步复绿，完成多项绿色施工技术的试点示范应用；印发《大宗货物绿色运输北江示范项目实施方案》，加快基础设施升级改造，提高船舶过闸效率和运输效率；大力推进船舶报废拆解和船型标准化工作，对海船、内河船舶进行拆解、改造和更新，新能源电动船成功下水；积极推广新能源汽车，新能源公交逐步实现集约化发展，深圳、广州、珠海实现公交电动化。

在公共机构节能方面，广东省深入开展公共机构节能，积极发挥示范引领作用。广东省深入开展公共机构节能管理，编制印发《广东省公共机构节能管理工作指南》，强化节能业务指导，推动节能工作科学发展；出台公共机构合同能源管理暂行办法，发挥市场机制作用，通过合同能源管理项目引入社会资金，大大减轻各级财政资金投入压力；扎实推进国家节约型公共机构示范单位创建工作，持续推动省直机关及其所属公共机构创建节水型单位。

3. 产业发展

产业发展方面，广东省全面贯彻绿色发展理念，大力实施创新驱动发展战略，加快推动科技创新和进步，为节能减排提供强大动力和有利条件。一是节能减排科技创新综合实力显著增强。节能减排自主创新机制逐步完善，积极支持推广应用成熟的节能减排新技术、新工艺、新设备和新材料等创新技术示范项目。节能环保领域重大科技项目重点支持水污染防治、大气污染防治、固体废物处理、节能技术等专题，投入省级财政科技经费超过4亿元；新能源领域重大科技项目重点支持太阳能、风能、生物质能、核能等专题，投入省级财政科技经费超过1亿元。二是创新型经济加快发展。工业机器人、新能源汽车、基因检测等新产业新业态迅猛增长，形成了新型显示、高端软件等7个产值超千亿元的战略性新兴产业集群。经济增长方式由主要依靠劳动力数量和资本存量增长驱动，转变为主要依靠科学技术和人力资本增长，经济绿色含量在不断增加。

4. 节能培训和宣传

节能培训和宣传方面，广东省组织开展固定资产投资项目节能审查、公共机构节能能耗统计、节能管理监察人员、重点用能单位管理等各类节能培训。持续开展节能宣传月、低碳宣传日等活动，积极开展节能减排领域科技人才的培养、培训。加强与香港、澳门、荷兰等国（境）外政府及机构在节能循环经济领域的交流合作，持续参与并支持香港国际环保博览会、澳门国际环保合作发展论坛及展览、中国环博会广州国际环保展、中国国际（广东）节能展等相关展会，积极搭建国内外节能技术装备展示和项目对接平台。

第二章　广东节能降耗的现状

第一节　广东省能源消费基本情况

一、能源消费总量

广东省能源消费总量 2020 年为 3.45 亿吨标准煤，比 2000 年（0.94 亿吨标准煤）增长约 2.7 倍。广东省能源消费总量占全国比重保持在 7% 左右，增长趋势与全国能源消费总体增长趋势基本同步，增速逐步放缓，"十五""十一五""十二五""十三五"期间年均增速分别为 13.7%、7.3%、3.4%、2.8%（图 2 - 1）。

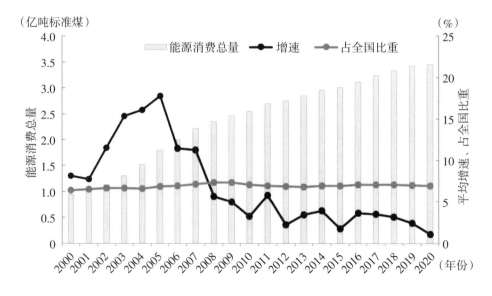

图 2 - 1　广东省能源消费总量及增速（2000—2020 年）

二、能源消费弹性系数

2000—2020 年广东省能源消费弹性系数呈现"先升后降"的趋势（图 2 - 2），在"十五"期间持续上升，在 2005 年达到峰值 1.2 以后，开始逐步下降到 0.4～0.5，但"十三五"期间下降缓慢。这意味着广东省经济发展对能源消费的依赖持续降低，但经济增长与能源消费增长尚未脱钩。由于疫情影响，2020 年 GDP 增速有较大幅度下降，导致能源消费弹性系数增加。

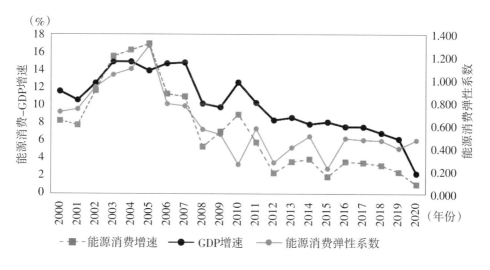

图 2 - 2　广东省能源消费增速、GDP 增速和能源消费弹性系数

广东省能源消费与经济发展的关系大致可分为以下 3 个阶段：一是能源消费平稳中速增长阶段（1979—1999 年）。改革开放以后，因经济增长和工业化加速，广东省能源消费开始出现逐步加快的态势。这一阶段 GDP 年均增长 14.2%，能源消费年均增长 9.1%，电力消费年均增长 12.3%，年均能源和电力消费弹性系数分别为 0.64 和 0.84。二是能源消费快速增长阶段（2000—2010 年）。进入新世纪以来，广东省经济发展迅速，广东的 GDP 年均增速 12.84%。能源消费年均增长 10.97%；电力消费年均增长 11.8%，能源和电力消费弹性系数分别达 0.85 和 0.91。三是能源消费增速放缓阶段（2011—2020）。随着广东经济增速放缓和节能工作强力推

进,"十二五"期间,广东经济年均增长 8.5%,能源消费年均增长 4.3%,电力消费年均增长 5.5%。"十三五"期间,广东经济年均增长 6%,能源消费年均增长 3%,电力消费年均增长 6%。

三、能耗强度

2000—2020 年,广东省能源消费总量增长约 2.7 倍,年均增速 6.7%;经济总量增长约 5.7 倍,年均增速 10%。2020 年,广东省的单位 GDP 能耗为 0.345 吨标准煤/万元(2015 年可比价,未考虑重大项目能耗单列因素),是全国平均水平的 64%。2000—2020 年,广东省单位 GDP 能耗累计下降 45.7%,年均能耗强度下降 3.0%,其中"十五""十一五""十二五""十三五"期间能耗强度分别累计下降 - 1.8%、20.5%、21.5%、14.5%(图 2 - 3)。

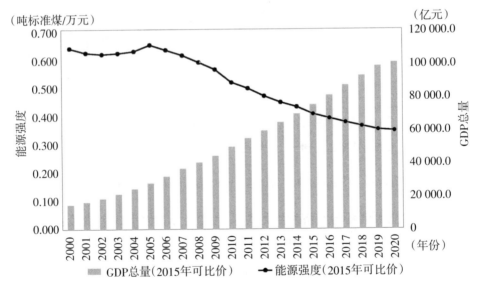

图 2 - 3 广东省经济总量和能耗强度变化(2015 年可比价)

四、能源结构

2019 年广东省煤炭、石油、天然气、一次电力及其他能源的比重为 34.7%、27.5%、8%、29.8%。煤炭消费比重从 2005 年的 40.3% 增长到

2011 年的 49.4%，此后持续下降到 2019 年的 34.7%。油品比例从 2005 年的 40.6% 下降到 2019 年的 27.5%。天然气消费比例从 2005 年的 0.2% 上升到 2019 年的 8%。一次电力及其他能源消费比例从 2005 年的 18.8% 大幅上升到 2019 年的 29.8%（图 2-4）。

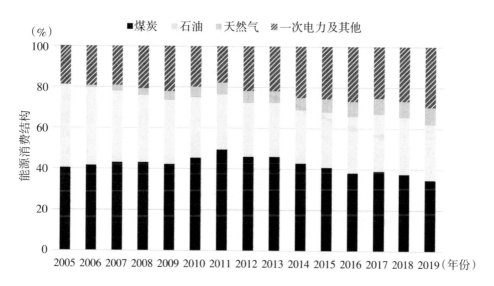

图 2-4　广东省能源消费结构（2005—2019 年）

五、清洁能源装机比重

广东省大力发展省内气电、核电和风、光等清洁能源，2019 年，广东省内煤电装机 6056 万千瓦、气电装机 2250 万千瓦、核电装机 1614 万千瓦，气电、核电装机规模居国内第一；通过积极消纳省内核电、可再生能源和西部清洁水电，广东省非化石能源消费占比稳步增长，由 2015 年的 24.3% 增至 2019 年的 29.1%，其中省内核电、省内可再生能源、西电水电占比分别为 9%、5%、15% 左右。

六、人均能源消费量

广东省人均 GDP（2015 年可比价）从 2000 年的 1.72 万元/人上升到 2020 年的 8.01 万元/人，年均增速为 8.0%。人均能源消费量从 2000 年的

1.09 吨标准煤/人上升到 2020 年的 2.76 吨标准煤/人，年均增速为 4.7%。由于 2020 年广东省常住人口按最新普查年鉴数相比 2019 年增加 979 万人口，2020 年人均 GDP 和人均能源消费相比 2019 年呈现双下降趋势（图 2-5）。

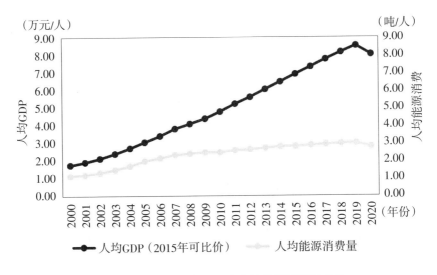

图 2-5　广东省人均 GDP 和人均能源消费量变化

七、分产业能源消费

从分产业来看能源消费（图 2-6），广东第一产业用能占全社会用能的比重总体上呈现下降趋势，2020 年达到 2%。第三产业和居民生活用能比重总体上呈现上升趋势。2020 年，广东省第一产业、第二产业、第三产业和居民生活的能源消费比重分别为 1.9%、59.4%、22.2% 和 16.5%，其中第二产业占能源消费比重比 2010 年下降了 10.9 个百分点，第三产业和居民生活消费占能源消费比重分别比 2010 年上升了 2.8 和 5.2 个百分点。

第二产业能源消费比重从 2011 年以来呈现下降趋势。从增速来看："十五"期间年均增速为 13.7%，"十一五"期间年均增速为 7.5%，"十二五"期间年均增速为 2.4%，"十三五"期间年均增速为 1.5%，呈下降趋势。

第三产业能源消费增速呈现下降趋势，"十五"期间年均增速为 16.1%，"十一五"期间年均增速为 6.4%，"十二五"期间年均增速为 5.7%，"十三五"期间年均增速为 4.2%。与第二产业相比，第三产业增速下降趋势低于第二产业，2010 年以来，第三产业占能源消费的比重逐渐上升。

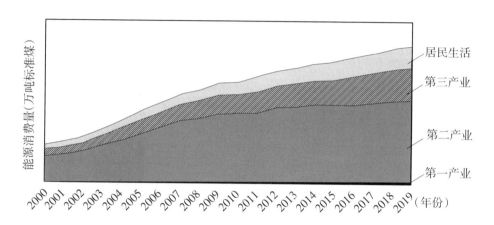

图 2－6 广东省分产业能源消费

八、能耗双控政策实施效果

（1）能耗强度指标位居全国前列，为全国节能工作做出较大贡献。2020 年，广东省的单位 GDP 能耗为 0.312 吨标准煤/万元（2020 年价），是全国平均水平的 63%。"十三五"期间，广东以占全国 6.9% 的新增能耗量支撑了占全国 11.4% 的 GDP 增量，累计形成节能量 5237 万吨标准煤，是全国同期累计节能量的 7.8%。

（2）能效提升为大气污染治理和碳排放强度下降做出主要贡献。"十三五"期间，广东以年均 2.8% 的能耗增速支撑了年均 6.0% 的 GDP 增速，单位 GDP 能耗累计下降 14.5%（在扣减单列项目能耗和可再生能源电力消纳量超出激励性责任权重部分以后，广东省"十三五"期间能耗强度累计下降 17.05%，完成了国家要求能耗强度下降 17% 的目标），相当于减少排放二氧化碳 1.3 亿吨，为全省大气污染治理和碳排放强度下降做出了重要贡献。

（3）能效提升助推工业高质量发展成效显著。"十三五"期间，广东省规模以上工业单位工业增加值能耗下降 9.8%。造纸和纸制品业，纺织业，农副食品加工业，酒、饮料和精制茶制造业实现了行业增加值增长而能耗下降的良好局面。机制纸及纸板产品单耗下降14%，平板玻璃产品单耗下降5.4%，炭黑生产单耗下降11.7%，吨钢综合能耗下降3.42%，火力发电煤耗下降9克标准煤/千瓦时。

（4）建筑领域节能工作扎实推进。"十三五"期间，广东省城镇新建民用建筑100%执行国家节能强制性标准，累计完成既有建筑节能改造面积2520万平方米，新增节能建筑面积9.5亿平方米，累计新增太阳能光电建筑应用装机1537兆瓦，累计新开工装配式建筑超过4000万平方米。2020年，绿色建筑占新建建筑比例达到63%，新开工装配式建筑面积占新建建筑面积15%。

（5）交通运输领域节能工作持续推进。"十三五"期间，广东省交通运输、仓储及邮政业单位增加值能耗持续下降。交通运输结构持续优化，2020年，公路运输占比较2015年下降1.59个百分点，铁路和水路运输比重比2015年上升1.7个百分点；集装箱铁水联运量（集疏量）38.3万TEU（标准箱），累计增长75%；新能源车辆应用规模全国领先，2020年广东省城市公交和货运物流领域新能源汽车分别达5.8万辆和3.6万辆，全省主要港口完成轮胎式集装箱门式起重机油改电，大型装卸设备和集装箱码头堆场取箱作业基本实现电力驱动，率先实现内河港口岸电省级全覆盖。

（6）公共机构节能示范成效明显。广东省公共机构人均综合能耗、单位建筑面积能耗比2015年累计下降23.02%、17.8%，超额完成"十三五"期间下降11%、10%的目标要求。186家单位入选国家节约型公共机构示范单位，其中9家单位入选能效领跑者名单。公共机构推行垃圾分类、绿色数据中心、绿色高效制冷、绿色出行等工作进展顺利。

（7）绿色生活方式成为新时尚。各级政府每年组织"节能宣传周"主题活动，倡导简约适度、绿色低碳的生活方式，开展了节约型机关、绿色家庭、绿色学校、绿色社区、绿色出行、绿色商场、绿色建筑等创建行动，节能政策宣教、节能知识普及形式多样，节能型家电市场占有率不断提高，全社会节能意识不断提高。

（8）节能促进机制基本形成。广东省能源体制机制改革取得积极进展，省能源局统筹管理能源开发和利用，节能管理体制不断健全完善，节能法规标准不断完善。在价格、金融财政支持政策的引导下，在节能监管的推动下，用能单位主动节能意识提高。

第二节 重点行业节能情况

"十三五"以来，广东省各行业深入贯彻习近平新时代中国特色社会主义思想和习近平总书记系列重要讲话精神，高度重视能耗总量和强度"双控"工作，认真贯彻落实国家、省里有关加强节能工作的部署，深入推进节能降耗工作，切实加大节能工作力度，持续开展能效对标及碳交易等工作，节能工作取得了较好成效。

2018 年，广东省制造业中产值单耗排名前四位的分别为：黑色金属冶炼和压延加工业 0.71 吨标准煤/万元，非金属矿物制品业 0.60 吨标准煤/万元，石油加工、炼焦和核燃料加工业 0.53 吨标准煤/万元，造纸及纸制品业 0.39 吨标准煤/万元。其中，黑色金属冶炼和压延加工业中的钢铁生产行业能源消费量占比达 81%；非金属矿物制品业中，水泥行业占比达 45%；石油加工、炼焦和核燃料加工业中，以石化行业为主。为了说明近年来广东省重点行业的节能成效，选择电力行业、石化行业、钢铁行业、造纸行业、陶瓷行业作为重点用能行业进行调研和分析。

一、钢铁行业

钢铁行业为资源与能源消耗密集型行业。与钢铁行业相关的能源种类众多（表 2-1），一次能源主要包括煤炭、天然气、石油等，二次能源包括余气、余热、余压。以生产一吨钢铁为例，其消耗 0.6～0.8 吨标准煤，1.5～1.55 吨铁矿石、80～150 公斤废钢和 3～8 吨新水。

表 2-1 钢铁企业生产过程的能源种类

项目		种类
一次能源		煤炭、天然气、石油、电力
二次能源	余气	高炉煤气、焦炉煤气、转炉煤气
	余热	干法熄焦热能、烧结冷却带余热、高炉热风炉烟气余热、高炉炉渣余热、炼钢烟道余热、转炉炉渣余热、轧钢加热炉余热

项目		种类
二次能源	余压	高炉顶压
	其他	蒸汽

广东省的钢铁行业的吨钢综合能耗水平持续下降。吨钢综合能耗是指在一定时期内钢铁企业每生产一吨钢所消耗的能源量折合成标准煤量。根据省钢铁工业协会提供的数据，2019 年，全国钢铁行业的吨钢综合能耗为 553 千克标准煤/吨。

宝钢湛江钢铁有限公司是广东省在"十二五"期间淘汰 1700 万吨落后钢铁产能、实行广钢环保搬迁的基础上建设的，2019 年综合能源消费量为 603.4 万吨标准煤，单位工业增加值能耗约为行业平均水平的 2.5 倍。

宝武集团广东韶关钢铁有限公司 2019 年的吨钢综合能耗为 512.37 千克标准煤/吨（2016 年的吨钢综合能耗为 558.2 千克标准煤/吨，2017 年为 532.39 千克标准煤/吨，2018 年为 526.95 千克标准煤/吨，2018 年，韶钢的吨钢综合能耗排全国第一低位）。2019 年韶钢的吨钢综合能耗下降幅度较大主要是韶钢的产品结构变化，2019 年韶钢增加了建材的产量，减少了板材的产量。

目前省内各大钢铁企业主要采取了以下三种节能措施：一是管理节能方面，大型钢铁企业均已建立能源管控中心，统一调度使用资源，调配一次能源和二次能源，减少二次能源如水蒸气、煤气的跑冒滴漏，提高二次能源利用效率，对钢铁行业的节能作用较明显。二是技术节能方面，大型钢铁企业基本已采取各种余热利用、余压利用措施，如烧结余热利用、钢渣余热利用、高炉余压利用；广东省内钢铁企业已全部推广使用节能电机，落后电机已全部淘汰实现冶炼技术节能。三是能源结构节能方面，如炼焦配方调整，不同能源品种的匹配等。

2018 年，广东省黑色金属冶炼及压延加工业能源消费总量占全省终端能源消费总量的 5.34%。其中，钢铁生产行业的能源消费量约为 1507.7 万吨标准煤，占黑色金属冶炼及压延加工业能源消费量的 80.96%。因此，选择钢铁行业作为代表分析黑色金属冶炼及压延加工业的能效水平。2018 年，省内长流程钢铁企业共 7 家，能源消费总量约为 1368.8 万吨标准煤

（当量值），约占控排钢铁企业[①]能源消费总量的90.8%。由于短流程钢铁企业能源消费量占钢铁行业能源消费量比例较低，且短流程钢铁企业工艺差异较大（如冷轧、热轧等），产品众多，各短流程钢铁企业的能效水平可比性较差，因此，重点选择省内的7家长流程钢铁企业进行分析对比。

粗钢生产主要工序包括烧结工序、球团工序、高炉工序、转炉工序等。7家长流程钢铁企业高炉工序能耗占各企业能源消费量的比重均超过50%，平均占比超过60%。因此，选择"高炉工序单位产品能源消耗"指标来衡量钢铁企业的能效水平。通过对各个企业高炉炼铁工序的燃料输入及产品输出进行计算，7家长流程钢铁企业高炉炼铁工序单位产品能耗平均值为387.50千克标准煤/吨（表2-2）。

表2-2　2018年广东省内长流程钢铁企业综合能效水平

省内长流程钢铁企业	综合能源消费量（当量值）（万吨标准煤）	高炉炼铁工序单位产品能耗（千克标准煤/吨）
宝钢湛江钢铁有限公司	601.39	372.31
广东国鑫实业股份有限公司	46.44	386.34
广东泰都钢铁实业股份有限公司	44.68	400.85
广东粤北联合钢铁有限公司	39.02	350.25
阳春新钢铁有限责任公司	150.23	348.00
珠海粤裕丰钢铁有限公司	114.56	443.69
宝武集团广东韶关钢铁有限公司	372.52	410.19
合计	1368.8	387.50

根据《GB 21256—2013 粗钢生产主要工序单位产品能源消耗限额》，2018年省内7家长流程钢铁企业高炉炼铁工序单位产品能耗均值（387.50千克标准煤/吨）符合现有粗钢生产高炉工序单位产品能耗限定值，但比新建和改扩建粗钢生产高炉工序单位产品能耗准入值（370千克标准煤/

---

① 控排钢铁企业是指钢铁行业年排放2万吨二氧化碳（或年综合能源消费量1万吨标准煤）及以上的企业。

吨）高出 17.50 千克标准煤/吨（高出 4.7%），比标准确定的先进值水平（361 千克标准煤/吨）高出 26.50 千克标准煤/吨（高出 7.3%）。

参考《上海产业能效指南（2018 版）》，黑色金属冶炼及压延加工业的能效指标"高炉工序能耗"中，国内先进值和国际先进值均为 372 千克标准煤/吨。2018 年广东省内 7 家长流程钢铁企业高炉炼铁工序单位产品能耗均值（387.50 千克标准煤/吨）比该先进值水平高出 15.5 千克标准煤/吨。

综上所述，广东省黑色金属冶炼及压延加工业高炉工序能耗水平对比国内先进水平及国际先进水平尚有差距。

表 2-3　粗钢生产高炉工序单位产品能耗限定值、准入值及先进值

技术要求	高炉工序单位产品能耗 千克标准煤/吨
现有粗钢生产高炉工序单位产品能耗限定值	≤435
新建和改扩建粗钢生产高炉工序单位产品能耗准入值	≤370
粗钢生产高炉工序单位产品能耗先进值	≤361

数据来源：《GB 21256—2013 粗钢生产主要工序单位产品能源消耗限额》。

二、电力行业

广东电力供应保障能力显著增强，电源结构清洁化转型持续推进。在电力需求旺盛的"十一五""十二五"期间，煤电、水电装机继续增长，风光、天然气等清洁能源开始发展，期间风光装机和发电量占比分别提升了 3 个、1.2 个百分点，气电装机和发电量占比分别提升了 14.5 个、10.5 个百分点。"十三五"以来，广东按照构建清洁低碳、安全高效的现代能源体系要求，不断增加绿色清洁电力供给，电力供应基本满足了经济社会发展需要，电源结构不断优化调整。"十三五"期间，广东省内新增电源总规模约 4360 万千瓦，其中煤电约 632 万千瓦、气电约 1411 万千瓦、核电约 785 万千瓦、可再生能源及其他约 1532 万千瓦。截至 2020 年底，省内电源装机容量约 14 177 万千瓦时，其中煤电装机约 6427 万千瓦，装机

容量占比 45.33%，较 2015 年下降 13.7 个百分点。气电和核电装机容量分别为 2838 万千瓦和 1614 万千瓦，容量占比 20.02% 和 11.38%，较 2015 年分别提升了 5.48 和 2.94 个百分点。风光等可再生能源快速发展，2020 年可再生能源及其他装机容量为 3298 万千瓦，占比达到 23.26%，较 2015 年增加 5.27 个百分点。

当前全球能源发展正处于深度转型时期，能源电力供需格局深刻调整，能源电力需求随经济发展仍保持一定增长。在全球碳减排和应对气候变化的背景下，新一轮能源技术革命推动能源向清洁低碳化转型。能源供需格局向清洁低碳主导、电力消费为核心转变，新能源技术进步推动能源供给侧实施清洁替代，能源消费侧实施电能替代。能源系统向智慧互联发展，更大规模的清洁能源电力将实现区域间优化配置和合理消纳，以输配电为核心的智能电网功能转向多能转换利用枢纽和源网荷储协同运行的基础平台，逐步建成以电力网架为主干的能源互联网。能源发展的清洁低碳转型，将带来在电力供应、电力消费和电力发展模式等方面的持续升级。

粤港澳大湾区作为国家重大发展战略和广东经济持续发展的重要支撑载体，明确提出建成充满活力的世界级城市群、具有全球影响力的国际科技创新中心、"一带一路"建设的重要支撑、内地与港澳深度合作示范区、宜居宜业宜游的优质生活圈。粤港澳大湾区建设世界新兴产业、先进制造业和现代服务业基地，构建国际国内双循环新发展格局，将催生一系列电力发展新业态和新需求，促使电力系统向更高水平电气化转型。能源市场化改革成效显著，油气体制改革和电力市场建设步入深水区，涵盖多交易品种的区域电力交易市场将最大程度还原电力商品属性，实现电力资源的有效配置、引导电力投资、提升系统灵活性、多元化市场决策主体等功能，电力系统规划、运行调节、供需模式发展、用能方式等需要全面转型和革新。

风能和太阳能发电成本的下降将迈入平价上网时代，大规模海上风电利用"卡脖子"技术的攻关，氢能与海上风电、燃料电池的深度耦合开发，第四代核电技术的普及和小堆的示范应用，将有效降低清洁能源电力的用能成本，推动分布式能源和清洁能源发电的规模化发展。大规模可再生电力接入系统、柔性输电技术、智能配网和微网、高性能大容量储能技术等未来电网技术的创新突破，以及与"云大物智"等先进技术的深度融合，将强化电网为核心资源配置中枢的综合能源网络智慧融合建设，提升电力系统安全运行和供电可靠性，有力推动电能利用效率和质量不断提升。

在"一带一路"倡议逐步推进的背景下，粤港澳大湾区全方位融合发展，粤港澳三地能源规划统筹衔接，发展战略定位和重大基础设施布局沟通协调机制逐步顺畅，能源领域合作不断加强，电网规划、联网运行合作、电力应急保障体系和交流共享机制有效对接和实施，依托港澳制度和市场优势，实现优势互补、合作共赢。进一步提升能源科技创新、能源市场一体化、能源规划顶层设计、能源金融与价格体制创新等全方位、多领域合作，为电力高质量发展提供新动能。

电力作为重要的能源基础产业，既是能源供应侧也是最大的能源消费领域，2020 年发电用能占能源消费总量的比重超过 50%。2020 年火电发电标准煤耗完成 288 克/千瓦时，2015 年为 293 克/千瓦时，"十三五"期间下降 5 克/千瓦时。"十四五"时期，随着广东省电气化水平不断提升，全社会用电量将持续增长，发电用能所占比重将愈来愈高。随着电源结构优化、退役落后机组及节能降损等工作的开展，预计综合发电煤耗及供电过程的能耗损失将进一步下降。

三、造纸行业

广东省造纸行业节能工作走在全国前列。国家标准《制浆造纸单位产品能源消耗限额》（GB31825—2015）从 2015 年发布、2016 年实施至今，已经逐渐不适应目前行业的能耗水平，且国家标准的指标只有主要生产系统单位产品能耗指标，没有可以衡量整个企业的单位产品综合能耗指标。过去广东省造纸行业耗能采用地方标准《制浆造纸行业主要产品能耗限额》（DB44/515—2013），该标准包含企业的直接生产系统单位产品能耗和整个企业的单位产品综合能耗，已优于国家于 2016 年 7 月实施的能耗标准。广东省造纸行业重点用能单位的能耗水平基本优于标准的限额指标，达到新建、扩产制浆造纸生产企业能耗准入指标的重点企业占50%左右，还有相当一部分企业达到先进值的水平。但由于该标准属于强制性标准，根据《强制性标准整合精简工作方案》的要求，已于2019年被废止。目前《广东省制浆造纸行业主要产品能耗限额》标准正在制定中。

广东省造纸行业作为首批试点单位从2013年开始参加省工信厅能效对标活动，并按要求每年开展能效"领跑者"评选，2018年，由广东省工信厅公布的能效"领跑者"名单及指标为：亚太森博（广东）纸业有限公司文化用纸直接生产能耗189.73千克标准煤/吨，与标准的直接生产能耗先进值（250千克标准煤/吨）的比值为0.76；广东理文造纸有限公司箱纸板直接生产系统能耗196.02千克标准煤/吨，与标准的直接生产能耗先进值的比值为0.78；广东理文造纸有限公司涂布白板纸直接生产系统能耗202.3千克标准煤/吨，与标准的直接生产能耗先进值的比值为0.78；维达纸业（中国）有限公司卫生纸原纸直接生产系统单位产品综合能耗为237.21千克标准煤/吨，与标准的直接生产能耗先进值的比值为0.72。单耗水平与标准的直接生产能耗先进值的比值越低，单耗水平越先进。2018年，参与对标的24家企业产量为1447.5万吨，节能量24.39万吨标准煤。2019年，参与对标的21家造纸企业产量为1443.55万吨，节能量23.68万吨标准煤。参与对标的企业已占广东省产能的60%以上。

广东省造纸企业积极实施节能技术改造，提高企业能效水平，降低产品能耗，企业每年都有进行大量的节能改造项目，如电机能效提升，大部分造纸企业根据工信部门的要求，对电机进行了改造；真空系统改造，将水真空泵改成透平真空泵（花费多，改造效果明显）；对纸机压榨部进行改造，把传统压榨改成靴式压榨；对纸机的气罩进行改造；能源管理中心的建设；烘缸改造；纸机干部的换热器升级改造；污泥回收与原煤混合燃烧；使用在线易清洗的网部高压代替原设计的高压摆动喷淋；蒸汽系统改造；回收沼气用作锅炉燃料进行燃烧；板框压滤机配套强力钢带压滤机替代原有带式压滤机处理污泥；电机改造为伺服电机；传动减速箱改造；改造纸机多盘系统等项目。

四、陶瓷行业

陶瓷主要分为建筑陶瓷、卫浴陶瓷、日用/工艺陶瓷、工业/特种陶瓷等。其中,广东省内90%以上为建筑陶瓷。近年来,广东省内陶瓷行业每年的综合能源消费量稳定在1600万吨标准煤左右,其中以煤炭消费为主,天然气的消费量不到20%。广东省内陶瓷行业近年来产量也趋于稳定,主要是因为珠三角地区禁止新建扩建陶瓷项目。陶瓷行业用能成本占生产成本平均占比40%,建筑陶瓷企业主要是使用煤炭作为能源,主要分布在佛山、肇庆、清远、江门。目前陶瓷企业的能效水平在全国处于较好的水平,都在限额以内,部分产品接近先进值,部分产品接近准入值。根据吸水率的不同,陶瓷砖可以分为:陶质砖(吸水率大于10%)、炻质砖(吸水率大于6%小于等于10%)、细炻质(吸水率大于3%小于等于6%)、炻瓷质(吸水率大于0.5%小于等于3%)、瓷质砖(吸水率小于等于0.5%)。其中,瓷质砖的平均能效水平为5.86千克标准煤/立方米,最高约为6.5千克标准煤/立方米,最低可以达到5千克标准煤/立方米。按照建筑卫生陶瓷单位产品能源消耗限额(GB21252–2013),瓷质砖的综合能耗限定值为≤7.8(8.6)千克标准煤/平方米,准入值为≤7.0千克标准煤/平方米,先进值为≤4.0千克标准煤/平方米。瓷质砖的平均能效水平位于准入值和先进值之间。炻质砖的平均能效水平为3.78千克标准煤/立方米。按照建筑卫生陶瓷单位产品能源消耗限额(GB21252–2013),炻质砖的综合能耗限定值为≤5.4千克标准煤/平方米,准入值为≤4.6千克标准煤/平方米,先进值为≤3.7千克标准煤/平方米。炻质砖的平均能效水平接近先进值。卫生陶瓷的平均能效水平约为330千克标准煤/吨。按照建筑卫生陶瓷单位产品能源消耗限额(GB21252–2013),卫生陶瓷的综合能耗限定值为≤720千克标准煤/吨,准入值为≤630千克标准煤/吨,先进值为≤300千克标准煤/吨。卫生陶的平均能效水平瓷接近先进水平。

目前陶瓷行业的窑炉(水煤气炉)转化效率约为80%。建筑陶瓷中,窑炉及喷雾塔为主要用能工序,用能比例约为2:1。目前"煤改气"工作主要是对窑炉进行改造,喷雾塔依旧是使用水煤浆(或煤粉)。

五、纺织行业

2019 年广东省纺织业和纺织服装服饰业消耗 647.2 万吨标准煤，纺织业单位工业增加值能耗 1.17 吨标准煤/万元。2019 年，全省规模以上纺织企业完成工业增加值 1275.20 亿元，同比下降 2.74%，纺织行业主要产品产量，除化学纤维产品外，其余均呈现同比下降趋势（表 2−4）。

表 2−4　2019 年广东省纺织工业主要产品产量

指标名称	单位	产量	同比（%）	占全国比重（%）	全国占比与去年相比（百分点）
纱	万吨	28.02	−10.9	0.97	−0.18
布	亿米	20.62	−12.6	4.51	−0.34
服装	亿件	42.98	−7.9	17.56	−2.08
化学纤维	万吨	65.17	13.9	12.14	11.17

据不完全统计，2019 年广东省部分纺织品单位产品的综合能耗和电耗的情况可见表 2−5，各企业因订单的品种种类、产量，以及生产供热方式等不同，能耗的水平存在较大差异。

表 2−5　广东省部分纺织品单位产品能耗情况

产品	单位产品综合能耗	单位产品电耗	单位产品取水量
棉针织坯布	16～145 千克标准煤/吨	136～1180 千瓦时/吨	0.005～0.01 立方米/吨
棉机织坯布	5～10 千克标准煤/百米	48～78 千瓦时/百米	0.01～0.05 立方米/百米
棉针织色布	805～2000 千克标准煤/吨	830～1980 千瓦时/吨	70～220 立方米/吨
棉机织色布	21～65 千克标准煤/百米	13～63 千瓦时/百米	1.0～3.2 立方米/百米
棉色纱	200～1170 千克标准煤/吨	547～2850 千瓦时/吨	84～160 立方米/吨
牛仔色纱	16～45 千克标准煤/百米	5～25 千瓦时/百米	0.5～3 立方米/百米

对收集到的数据进行分类，剔除掉一些不符合要求的数据并进行归纳整理，按单位产品能耗排位，各类产品前 5 名数据见表 2−6～表 2−11。

表2-6 广东省棉针织坯布综合能耗前5名情况

排前5名企业	单位产品综合能耗（千克标准煤/吨）	单位产品电耗（千瓦时/吨）
广州锦兴纺织漂染有限公司	16.71	135.98
东莞德永佳纺织制衣有限公司	24.40	198.51
江门市新会区冠华针织厂有限公司	34.54	281.01
互太（番禺）纺织印染有限公司	36.95	300.65
佛山市立笙纺织有限公司	83.63	680.48
加权平均值	29.08	236.59

表2-7 广东省棉针织色布综合能耗前5名情况

排前5名企业	单位产品综合能耗（千克标准煤/吨）	单位产品电耗（千瓦时/吨）
东莞德永佳纺织制衣有限公司	806.56	1262.09
广州锦兴纺织漂染有限公司	979.68	834.16
佛山市顺德金纺集团有限公司	987.00	1308.00
互太（番禺）纺织印染有限公司	1115.60	1200.20
广东溢达纺织有限公司	1313.22	1813.75
加权平均值	981.25	1202.66

表2-8 广东省棉机织坯布综合能耗前5名情况

排前5名企业	单位产品综合能耗（千克标准煤/百米）	单位产品电耗（千瓦时/百米）
佛山市立笙纺织有限公司	5.9	48.4
佛山市马大生纺织有限公司	6.1	49.5
韶关市北江纺织股份有限公司	6.5	53.1
广东前进牛仔布有限公司	6.7	54.9
佛山市南海西樵力舜纺织有限公司	6.9	56.2
加权平均值	6.5	52.6

表2-9 广东省棉机织色布综合能耗前5名情况

排前5名企业	单位产品综合能耗 （千克标准煤/百米）	单位产品电耗 （千瓦时/百米）
佛山大唐纺织印染服装面料有限公司	21.54	13.07
佛山市顺德金纺集团有限公司	22	20.61
佛山市顺德明洋纺织印染有限公司	30.75	24.15
佛山市三水昊通印染有限公司	35.68	22.80
开平奔达纺织有限公司	38.83	21.83
加权平均值	29.16	21.99

表2-10 广东省棉色纱综合能耗前5名情况

排前5名企业	单位产品综合能耗 （千克标准煤/吨）	单位产品电耗 （千瓦时/吨）
互太（番禺）纺织印染有限公司	189.08	547.52
广州锦兴纺织漂染有限公司	610.60	794.38
东莞德永佳纺织制衣有限公司	929.29	1621.72
佛山市国昌纺织品有限公司	984.43	2292.77
广州市番禺添美漂染有限公司	1020.00	2032.65
加权平均值	809.50	1476.27

表2-11 广东省牛仔色纱综合能耗前5名情况

排前5名企业	单位产品综合能耗 （千克标准煤/百米）	单位产品电耗 （千瓦时/百米）
广东前进牛仔布有限公司	16.08	6.66
佛山市马大生纺织有限公司	18.93	5.82
韶关市北江纺织股份有限公司	20.71	12.11
佛山市南海亿棉染织有限公司	22.29	5.10
佛山市南海德耀翔胜纺织有限公司	23.41	6.19
加权平均值	20.05	7.85

通过以上几个表格可看出，广东省纺织行业综合能耗水平仍然差距较大，通过淘汰落后和节能改造，仍有一定的节能潜力。但随着我国纺织行

业不断进行结构调整，为应对招工难及国内外订单对产品质量要求的不断提高，各种新型、智能化、自动生产流水线纺织设备不断进入广东省纺织企业，形成广东省纺织行业的多层次设备，将出现新增用能情况。

六、石化行业

石化化工（石油加工、炼焦及核燃料加工业、化学原料和化学制品制造业，以下同）是重要的原材料工业，2020年，全国全行业能源消费量为81 516.6万吨标准煤，占全国工业消费量的25.3%，其中34 557.1万吨标准煤用作原料、材料，是重要的固碳行业。随着经济发展和消费水平的日益提高，我国化工产品需求还将保持较快增长，用作原料、材料的能源占总消费量的比例将继续提高，在碳达峰碳中和战略背景下，加大行业节能降耗、提高能效势在必行。

2020年，广东省石化和化工能源消费量分别为1869万吨标准煤和1754万吨标准煤（等价值），分别占全省工业能源消费量的9.4%和8.9%。"十三五"期间，广东省石化化工行业能源消费量累计增长24.3%，占工业总能耗累计增量的47%，拉动工业能耗累计增长3.9%，是广东省能耗增长最快、增量最高的工业行业，行业能源消费量占工业消费比重由2015年的15.9%上升至18.3%，主要是大项目投产带动，其中惠州炼化二期和中科炼化分别于2017年、2020年8月投产，年新增炼油能力合计2000万吨，乙烯产能200万吨。

至2020年底，广东省原油加工能力为7160.54万吨/年、乙烯生产能力为422万吨/年、初级形态塑料生产能力为906.68万吨/年、烧碱生产能力为37.40万吨/年，农用氮、磷、钾化肥生产能力为60.50万吨/年。"十三五"期间，广东省主要新增产能为炼油和乙烯，淘汰落后烧碱产能6万吨，淘汰农用氮、磷、钾化肥产能29万吨。从单位工业增加值能耗来看，基础化学原料制造为6吨标准煤/万元，精炼石油产品制造为2.2吨标准煤/万元，合成材料制造为1.0吨标准煤/万元，日用化学品和涂料、油墨、颜料及类似产品制造等其他中类行业为0.25吨标准煤/万元。"十三五"以来，广东省规模以上企业的行业中类营业收入结构，精炼石油产品和合成材料制造占比提高6.4个百分点，日用化学品占比下降6.8个百分点，行业中类结构朝着推动行业单位工业增加值能耗上升的方向发展。

"十三五"时期，广东省大力推进工业节能，推广先进节能技术和产品，加快淘汰落后产能，化工行业的主要产品单位产品能耗下降明显，重点用能单位节能目标完成良好，其中精对苯二甲酸、炭黑、纯碱、烧碱、乙烯单位产品综合能耗分别下降 11.0%、11.7%、2.6%、2.5% 和 2.3%。石化行业新建石化企业的炼化一体化水平较高，存量企业也大力开展节能降耗工作，但是由于油品质量升级，国 VI 汽油需要加大脱硫力度，原油加工复杂程度和加工深度加大，导致单位原油加工综合能耗上升。

2020 年，广东省规模以上工业能源消费量为 17 257.23 万吨标准煤（规模以上工业能源消费量均采当量值，其他一般采用等价值），工业增加值 33 050.5 亿元，单位工业增加值能耗为 0.52 吨标准煤/万元（当年价），以可比价计算，广东省规模以上企业单位工业增加值能耗比 2015 年下降 4.9%（可比价）。2020 年，广东省石化化工行业规模以上企业能源消费量为 3031 万吨标准煤，工业增加值 1814.7 亿元，单位工业增加值能耗为 1.67 吨标准煤/万元，比 2015 年上升 16.2%。2020 年，广东省原油加工量 6211.95 万吨、乙烯产量 365.68 万吨、分别比 2015 年增长 27.5%、70.0%。以重点企业水平测算，乙烯的燃动与原料用能约为 3.82 吨标准煤/吨乙烯，乙烯产品的单位工业增加值能耗为 17.5 吨标准煤/万元，是石化化工行业平均水平 10.5 倍，由于乙烯产量快速增加，即使是广东省石化化工行业能效进步较大，但整个行业单位增加值能耗还是上升，拉动广东单位工业增加值能耗增长 1.68%，抵消了其他工业行业的节能成效。

"十四五"时期，广东将新增炼油 2000 万吨/年、乙烯 400 万吨/年、芳烃 380 万吨/年以上的生产能力，将上述产品通过深加工生产新的高价值化工原料、新的石油产品和新的材料对提升行业增加值，尤其是降低行业单位工业增加值能耗有着重要作用，需要进一步加大力度予以推动。

七、数据中心

当前，随着新一代信息技术、大数据、云计算、人工智能、车联网、虚拟现实等应用蓬勃发展，数据中心作为新兴基础性战略资源（新基建），进入了爆发式发展。中国已经进入了每 18 个月，数据量翻一番的时代。广东省现有各类数据中心超过 160 个，折合标准机架数约 22 万个，上架率约 62%，平均 PUE 值 1.77。

从全省数据中心能耗情况和能耗强度看，以东莞为例，东莞现有数据中心 18 个，折合标准机架数约 4.88 万个，上架率约 60%，平均 PUE 值 1.60，年耗能量等价值约折合 20.54 万吨标准煤，2019 年全市数据中心直接经济效益产出约 10.9 亿元（当年价），则东莞数据中心增加值能耗约为 1.884 吨标准煤/万元（当年价），与广东省 0.343 吨标准煤/万元（当年价）相比，相当于全省平均的约 5.5 倍。由于东莞的数据中心在全省的平均 PUE 值优于全省，且上架率与全省平均相差不大，因此推算全省现有数据中心总能耗约达到接近 100 万吨标准煤。

第三节　区域节能情况

"一核一带一区"区域发展格局指根据各区域的基础条件、资源禀赋和比较优势，将全省划分为珠三角核心区、沿海经济带、北部生态发展区 3 个功能区。"一核"为珠三角地区，是引领全省发展的核心区和主引擎，包含广州、深圳、珠海、佛山、惠州、东莞、中山、江门、肇庆 9 市。"一带"为沿海经济带，是新时代全省发展的主战场，其中东翼以汕头市为中心，包含汕头、汕尾、揭阳、潮州；西翼以湛江市为中心，包含湛江、茂名、阳江。"一区"为北部生态发展区，是全省重要的屏障，包含韶关、梅州、河源、云浮、清远 5 市。随着广东省"一核一带一区"战略的不断深入实施，区域节能对广东省实施能耗"双控"及优化粤东、粤西、粤北地区的发展将起到重要作用。

广东省 21 个地级市单位 GDP 能耗水平相差较大。2019 年，深圳和韶关的单位 GDP 能耗分别为 0.18 和 1.02 吨标准煤/万元，相差近 5 倍。分区域看，珠三角（一核）能源消费量占全省的 69%，而地区生产总值占全省的 80%。珠三角单位 GDP 能耗为 0.29 吨标准煤/万元，是粤东西北地区的 53%。"十三五"以来，我省实施主体经济功能区战略，新建的钢铁、建材、有色金属等高耗能行业项目多数在湛江、阳江、梅州、韶关、河源等欠发达地区，"十三五"前 4 年，珠三角能耗强度累计下降 14%，粤东西北地区仅下降4.3%。

从"一核一带一区"经济和能源发展看，"一核"能耗占全省能源消费总量占比约7成左右，并逐步缓降，占比从2010年的72%下降到2018年的接近69%；"一带"能耗占全省能源消费比重呈现逐年缓升的总体趋势，从2010年的15%，上升到2018年的19%；"一区"能耗占全省能源消费比重一直保持在6%的水平，2010—2018年总体呈现震荡缓慢下降的趋势。

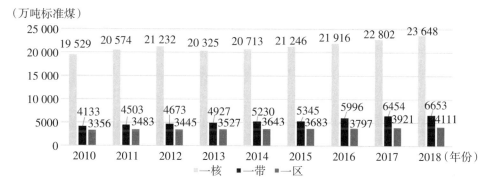

图2-7　"一核一带一区"能源消费总量

从区域节能的贡献度来看，"一核"的节能效果最为显著。为了测算广东省区域节能贡献度，假设"一核"单位GDP能耗不下降，即2018年（2018年实际为0.2918吨标准煤/万元，当年价）保持2010年（2010年实际为0.5089吨标准煤/万元，当年价）水平，则"一核"2018年的能耗将从实际的2.37亿吨标准煤增加到4.12亿吨标准煤，全省能源消费总量将增加到5.20亿吨标准煤，相应测算全省2018年单位GDP能耗将提高到0.5346吨标准煤/万元（当年价），与2010年全省单位GDP能耗0.5467吨标准煤/万元（2010年价）非常接近。可见"一核"区域单位GDP能耗下降对广东省单位GDP能耗下降的影响是决定性的。相反，若"一带一区"单位GDP能耗不下降，则到2018年全省能源消费总量将达到3.90亿吨标准煤，相应推算全省单位GDP能耗为0.4013吨标准煤/万元（当年价），与全省0.3426吨标准煤/万元（当年价）相比相差不大，并且接近2018年水平。

（亿元）

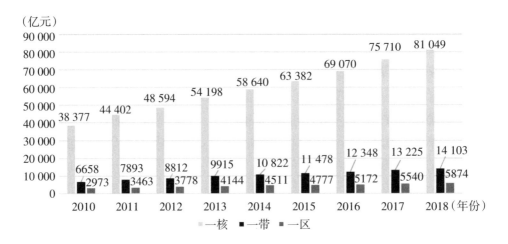

图 2-8 "一核一带一区"地区生产总值

（吨标准煤/
万元）

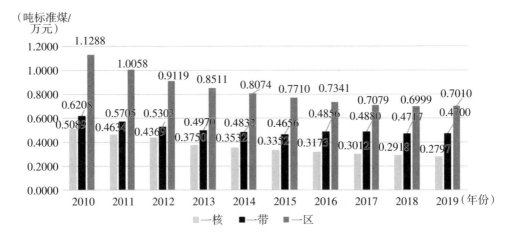

图 2-9 "一核一带一区"单位 GDP 能耗

随着广东省"一核一带一区"战略的不断深入实施，区域节能对广东省实施能耗"双控"及优化粤东、粤西、粤北地区发展将起到重要作用。根据已有的相关研究结果显示，人均 GDP 越高的地区，呈现出单位 GDP 能耗越低的总体趋势，这是因为在不同的工业化发展阶段，地区主导产业各有不同，随着区域经济结构高级化程度的上升，创造单位价值所消耗的能源减少，经济活动的能源消费强度也逐步降低。通过对全省 21 个地级以上市 2018 年的人均 GDP 和单位 GDP 能耗的回归分析发现，经济发展水平和能耗强度之间确实存在着显著的负相关性。分析结果显

示，地区人均 GDP 每增长一万元，该区域的单位 GDP 能耗会平均下降
0.0227 吨标准煤/万元。

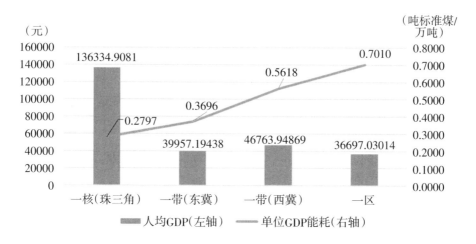

图 2-10 "一核一带一区"人均 GDP 和单位 GDP 能耗情况

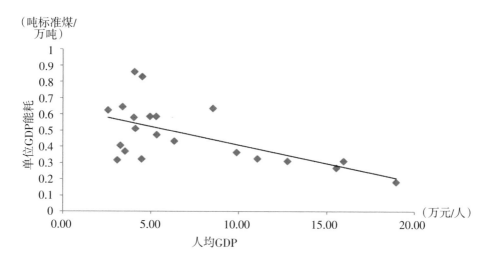

图 2-11 2018 年广东省各地市人均 GDP 与单位 GDP 能耗趋势

第三章 广东节能影响因素分析

广东省各地区的总能耗水平由产业结构比重和各产业的能源利用效率两个关键指标决定。具体到某一产业，其能耗只取决于该产业能源利用技术的能源利用效率及该产业产品能耗，但各个产业的能耗差异较大，若能耗低于平均水平的产业比重提高，或能耗高于平均水平的产业比重降低，则可以带动总能耗水平的下降。因此，由于广东省节能贡献度主要由产业结构和能源利用效率决定，要提高广东省节能水平，必须要重视产业结构的调整。

在第二章介绍广东省节能发展现状后，为使读者对广东省各地区节能具体情况有清晰认知，本章首先将广东省各区域能耗水平影响因素进行分解，然后从第一产业、第二产业和第三产业三个角度对各地区的节能贡献度构成进行分析，最后分析了电力、石化、钢铁、造纸和陶瓷 5 个重点行业的节能成效。

第一节 影响因素分解

一、分解模型简介

在理解能源消耗强度影响因素分解之前，必须全面了解文中所分析出的各因素对能源消耗强度的影响机理。

部门能源利用效率因素。部门能源利用效率是指部门的能源消耗强度，通常用技术效应来表征，综合反映了行业能源技术水平的大小。部门能源利用效率因素的提高，可以更少的能源投入提供同等能源服务，因此使能源消耗强度降低。在能源消费部门，节能技术的使用可以通过提高设备的工作效率促进部门能源利用效率的提高。现有新技术的充分利用会带来能源效率的大幅提高。一个部门的能源利用效率提高幅度较大，说明这个部门能源技术改造效果明显。相反，一个部门的能源利用效率提高幅度较小，说明该部门技术改造难度较大，效果不明显。

中间需求因素。中间需求是指各生产部门相互提供产品，用里昂惕夫逆矩阵表示。中间需求反映了各部门之间的生产联系。一般来说，中间需求较高，则在全部产出中能向社会提供的最终产品就较少，中间需求的变动将会直接影响最终产品的变动。因而对能源消耗强度产生影响。

最终产品结构因素。最终产品结构是国民经济各部门最终产品占最终产品总量的比重。最终产品结构的变化，将会牵动产业结构的变化。一般来说，产业结构的变化会对能源消耗量产生较大的影响，当高耗能行业所占比例降低或发展速度下降时，能源消耗量会降低；当高耗能行业比重上升或发展速度加快时，能源消耗量会增加。因而最终产品结构变动将会对能源消耗强度产生影响。

消费率因素。消费是保证当期人民生活的物质来源。消费率是指消费支出占最终产品总量的比重。消费支出是指居民购买的消费品与劳务的价值，它是最终产品最主要的组成部分。消费过少会影响当期人民生活水平，消费率的变化决定了生活资料产业的变化，进而对最终产品结构产生影响，从而影响能源消耗强度。

投资率因素。投资支出或投资需求是最终产品的一个重要组成部分。投资是保证生产需要，以满足长期消费的增长。投资率是指投资支出占最终产品总量的比重。近年来，由于投资增长过快，投资比重增加，中国能源消费总量迅速增长。投资增长过快往往会拉动钢铁、水泥等高耗能产品产量的增长，投资率的变动对能源消耗强度变化的影响也是不容忽视的。

进、出口率因素。进口率是指进口占最终总产品的比重；出口率是指出口占最终总产品的比重。进出口直接影响着能源消耗强度。如果出口商品中高耗能产品比重高，则会降低整体能源效率，使能源消耗强度升高；反之，如果进口产品具有较高的能源效率，则有助于降低能源消耗强度。下面分别介绍能源消耗强度综合模型和结构分解法。

二、能源强度综合模型

设整个国民经济由 n 个部门构成 e 为单位最终产品能耗；E_i 是 i 部门生产中消耗的能源量；X_i 是 i 部门的总产出；$X = (X_1, X_2, \cdots, X_n)'$ 表示国民经济各部门总产出组成的列向量；b_i 是 i 部门生产单位总产出消耗的能源量，表示部门能源利用效率；$B = (b_1, b_2, \cdots, b_n)$ 表示国民经济各部门能源利用效率组成的行向量；I 为单位矩阵，A 为直接消耗系数矩阵；Y_i 是 i 部门的最终产品，$Y = (Y_1, Y_2, \cdots, Y_n)'$ 为各部门最终产品组成的列向量；$Z = (z_{ij})_{m \times n}$ 表示中间需求矩阵，反映国民经济各部门间的完全消耗；$W = (w_1, w_2, \cdots, w_n)'$ 表示国民经济各部门最终产品结构列向量，各分量之和等于1，是能源消耗强度结构因素在使用领域的表现形式；

$C = (c_1, c_2, \cdots, c_n)'$ 表示各部门消费额列向量，$c = (c_{s1}, c_{s2}, \cdots, c_{sn})'$ 表示各部门消费率列向量；

$K = (k_1, k_2, \cdots, k_n)'$ 表示各部门投资额列向量，$k = (k_{s1}, k_{s2}, \cdots, k_{sn})'$ 表示各部门投资率列向量；

$P = (p_1, p_2, \cdots, p_n)'$ 表示各部门出口额列向量，$p = (p_{s1}, p_{s2}, \cdots, p_{sn})'$ 表示各部门出口率列向量；

$M = (m_1, m_2, \cdots, m_n)'$ 表示各部门进口额列向量，$m = (m_{s1}, m_{s2}, \cdots, m_{sn})'$ 表示各部门进口率列向量；

$U = (u_1, u_2, \cdots, u_n)'$ 表示各部门统计误差列向量，$u = (u_{s1}, u_{s2}, \cdots, u_{sn})'$ 表示各部门统计误差率列向量；

由能源消耗强度的定义，能源消耗强度用公式表示为：

$$e = \frac{\sum E_i}{\sum Y_i}(i = 1, 2 \cdots, n)$$

部门能源利用效率用公式表示为：

$$b_i = \frac{E_i}{X_i}(i = 1, 2, \cdots, n)$$

投入产出表的横向平衡式为：

$$X = (I - A)^{-1}Y$$

其中最终产品 Y 又可以分解为消费、资本、出口、进口等项，得到：

$$Y = C + K + P - M + U$$

SDA 是 Structural Decomposition Analysis 即结构分解技术的简称，其核心思想是将经济系统中某因变量的变动分解为有关各独立自变量各种形式变动的和，以测度各自变量对因变量变动贡献的大小。如：一个经济变量可由下列式子组成，即：

$$S = BY$$

令 $\Delta S = S^1 - S^0$，$\Delta B = B^1 - B^0$，$\Delta Y = Y^1 - Y^0$，上标 1 和上标 0 分别表示不同时期 1 和 0。则

$\Delta S = B^1 Y^1 - B^0 Y^0 = (B^1 - B^0) Y^0 + B^0 (Y^1 - Y^0) + (B^1 - B^0)(Y^1 - Y^0) = \Delta B Y^0 + B^0 \Delta Y + \Delta B \Delta Y$，一般我们把 $\Delta B Y^0$ 称为 B 因素变动的初始影响，把 $B^0 \Delta Y$ 也称为 Y 因素变动对 S 的初始影响，而把 $\Delta B \Delta Y$ 称为两个因素变动的共同影响，鉴于交叉项的存在无法准确说明某个自变量对因变量的全部影响，故根据以往研究经验，通常采用两极分解法进行结构分解，具体做法如下：

对于因变量 S，首先从基期（即 0 期）开始分解得到 $\Delta S = B^0 \Delta Y + B^1 \Delta Y$，然后从计算期（即 1 期）开始分解得到 $\Delta S = \Delta B Y^1 + B^0 \Delta Y$，将两式相加后两边同乘以 0.5，得到：

$$\Delta S = \frac{1}{2} \Delta B (Y^1 + Y^0) + \frac{1}{2}(B^1 + B^0) \Delta Y$$

如果将投入产出法和结构分解模型（SDA）相结合，我们可以通过对两个时点上投入产出表中各部门的产出或相应变量进行比较，并将产出的变动分解为若干变量变化影响之和，从而分析各变量变动对所研究对象变化的贡献。钱纳里将产出的变化归因于国内中间需求、国内最终需求（包含最终消费和净投资）以及进出口波动的影响，而国内中间需求的变化又受到最终需求结构变动和科技进步的影响，因此，基于投入产出的结构分解模型正是运用比较静态分析的方法估计科技进步以及国内最终需求、进出口变化对某一产业产出变动的影响。下面笔者将 SDA 模型应用于能源行业，通过对能源消费变化量的分解展开对能源相关问题的研究。

三、广东能耗影响因素分解

一般认为区域能耗水平取决于两个因素，一个是该地区各产业的能耗水平，反映各产业能源利用效率的高低；另一个则是该地区的产业结构，即各产业在经济总量中所占的比重。所有节能降耗措施都是直接或间接影响产业结构或产业能耗，进而影响总能耗水平的变动，因此对能耗的分析，应当首先着眼于对产业结构以及各产业能源利用效率变化对总能耗水平影响的分析，结构分解法（SDA）则是处理多因素系统的常见方法。可以根据三次产业结构对能耗分解：

$$e = \frac{\sum\limits_{i=1}^{3} E_i}{\sum\limits_{i=1}^{3} G_i} = \frac{\sum\limits_{i=1}^{3} e_i G_i}{\sum\limits_{i=1}^{3} G_i} = \sum\limits_{i=1}^{3} e_i g_i$$

其中 e 为总能耗水平，E_i 为第 i 次产业能源消费量；G_i 为第 i 次产业增加值，e_i 为第 i 次产业的单位增加值能耗；g_i 为第 i 次产业增加值占国内生产总值的比例。

上式表明，总能耗水平可以视为以各产业在生产总值中所占比例为权重的各产业单位产值能耗之和。假设以 0 为基期，t 为报告期，则总能耗水平的变化 Δe 可以进一步分解为结构份额 R 和效率份额 E 为：

$$\Delta e - e^t - e^0 = \sum\limits_{i=1}^{3} e_i^t g_i^t - \sum\limits_{i=1}^{3} e_i^0 g_i^0 = R + E$$

按照先数量再质量的分解步骤，首先固定各产业能耗水平不变，总能耗变动的结构份额 R 为：

$$R = \sum\limits_{i=1}^{3} e_i^0 (g_i^t - g_i^0)$$

若报告期为 1 年，则结构份额可写为 $R = \sum\limits_{i=1}^{3} e_i^{t-1}(g_i^t - g_i^{t-1})$。

然后在产业结构已经变化的基础上，求得总能耗的效率份额 E 为：

$$E = \sum\limits_{i=1}^{3} (e_i^t - e_i^0) g_i^t$$

若报告期为 1 年，则效率份额可写为 $E = \sum_{i=1}^{3} (e_i^t - e_i^{t-1}) g_i^t$。

结构份额与效率份额分别表示从基期以来，产业结构变化和各产业能源利用效率提高对总能耗变化的影响。结构份额代表产业结构变化引起的能耗变化量，结构份额大于零，说明产业结构的变动拉高了该地区的能耗水平，结构份额小于零，说明产业结构变动使该地区能耗强度有所下降；效率份额代表各产业能源利用效率变化引起的能耗变化量，其影响与结构份额同理。

从以上分析可知，一地的总能耗水平受产业结构和各产业能源利用效率的影响，它由产业结构比重和各产业的能源利用效率这两个指标决定。具体到某一产业，其能耗只取决于该产业能源利用技术的高低及该产业产品能耗，但各个产业的能耗差异较大，若能耗低于平均水平的产业比重提高，或能耗高于平均水平的产业比重降低，则可以带动总能耗水平的下降。

1. 报告期为 5 年

利用结构分解模型计算广东省 2010—2018 年期间产业结构调整及能源效率变化对三次产业总的单位能耗变化的贡献如图 3-1 所示，以 2010

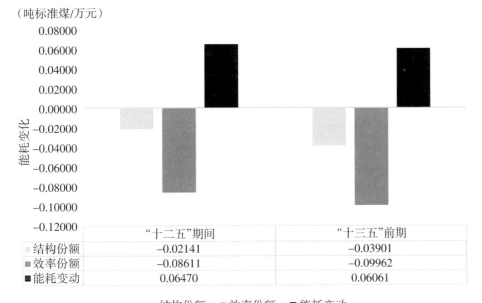

	"十二五"期间	"十三五"前期
结构份额	−0.02141	−0.03901
效率份额	−0.08611	−0.09962
能耗变动	0.06470	0.06061

结构份额　■效率份额　■能耗变动

图 3-1　结构调整和效率提升对能耗水平的影响

年为基期。结果表明，"十二五"期间及"十三五"前期产业结构调整起
到了拉升能耗的作用，而能源利用效率提升则促进能耗下降，导致广东省
能耗总体呈现下降态势。

从产业结构变动来看，由图 3-2 可知，在"十二五"期间及"十三
五"前期，三次产业结构变动的效果几乎完全一致，第一产业和第二产业
的比重变化使能耗下降，均为负值，2015 年分别下降了 0.00093、0.03188
吨标准煤/万元，2018 年分别下降了 0.00161、0.05804 吨标准煤/万元；
而第三产业相反，其比重变化使能耗上升，其为正值，2015、2018 年分别
上升了 0.0114、0.02064 吨标准煤/万元。可以看出，在产业结构调整对能
耗水平的影响中，第二产业起着决定性的作用，同时，第三产业对总能耗
水平降低有一定阻碍作用。

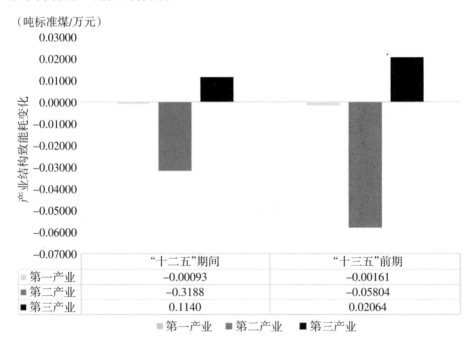

图 3-2　产业结构变动带来的能耗变化

从能源利用效率来看，由图 3-3 可知，除"十三五"前期第一产业
效率份额为正值外，其余三次产业能耗效率份额均为负值。在效率份额对
能耗变化产生正向影响的情况下，三次产业中以第二产业贡献最为明显，
占全部效率份额的 60% 以上，其能源利用效率的提高有力地推动了总能耗

水平的下降。整体来说，效率节能比结构节能成效显著。

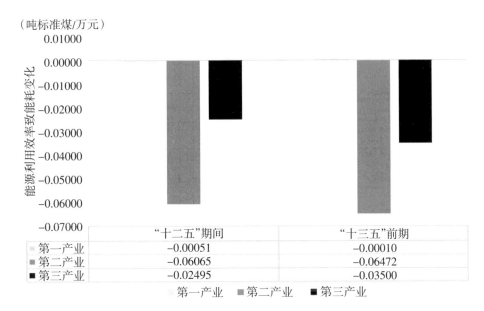

图 3 – 3　能源利用效率变动带来的能耗变化

2. 报告期为 1 年

当报告期为 1 年时，以前一年为基期，采用结构分解法进行计算可得 2010—2018 年期间产业结构调整及能源效率变化对三次产业总的单位能耗变化的贡献如图 3 – 4 所示。可以看出能源利用效率对能耗变动的影响大，除了 2011 年和 2016 年效率份额出现正值外，其他均为负值，且作用明显。结构份额全为负值，说明产业结构调整对能源效率变化具有良好的作用，但其作用效果较为平缓。

从各年产业结构变动来看，由图 3 – 5 可得，在 2011—2018 年期间，其中 2011、2016 年第一产业比重变化分别使能耗上升了 0.00001、0.00004 吨标准煤/万元，其他年份均表现为第一产业比重变化使能耗降低。在 2011—2018 年期间，第二产业比重变化使能耗下降，但第三产业比重变化使能耗上升。虽第三产业使能耗上升的影响性比较大，对能耗水平降低有一定的影响，但第二产业仍起着决定性作用，第二产业比重变化带来的能耗下降能抵消第三产业带来的结构作用，进一步说明第二产业是影响单位能耗的核心。

（吨标准煤/万元）

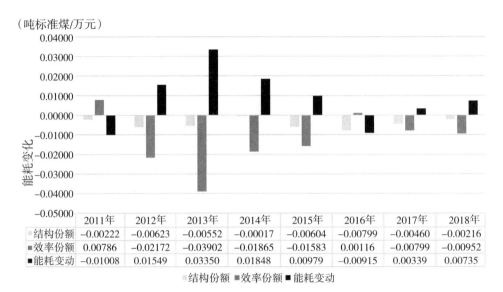

	2011年	2012年	2013年	2014年	2015年	2016年	2017年	2018年
结构份额	−0.00222	−0.00623	−0.00552	−0.00017	−0.00604	−0.00799	−0.00460	−0.00216
效率份额	0.00786	−0.02172	−0.03902	−0.01865	−0.01583	0.00116	−0.00799	−0.00952
能耗变动	−0.01008	0.01549	0.03350	0.01848	0.00979	−0.00915	0.00339	0.00735

▨结构份额 ▧效率份额 ■能耗变动

图 3 − 4　各年结构调整和效率提升对能耗水平的影响

（吨标准煤/万元）

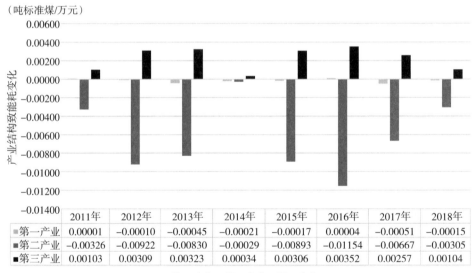

	2011年	2012年	2013年	2014年	2015年	2016年	2017年	2018年
第一产业	0.00001	−0.00010	−0.00045	−0.00021	−0.00017	0.00004	−0.00051	−0.00015
第二产业	−0.00326	−0.00922	−0.00830	−0.00029	−0.00893	−0.01154	−0.00667	−0.00305
第三产业	0.00103	0.00309	0.00323	0.00034	0.00306	0.00352	0.00257	0.00104

▨第一产业 ▧第二产业 ■第三产业

图 3 − 5　各年产业结构变动带来的能耗变化

从能源利用效率来看，由图 3 − 6 可知，第一产业的效率份额对能耗变化的成效不显著，而第二、第三产业的效率份额对能耗变化产生正向影响较明显。效率节能是 2012—2018 年能源利用状况改善的关键因素，三次产业能源利用效率的提高对单位 GDP 能耗的下降起决定性作用。

（吨标准煤/万元）

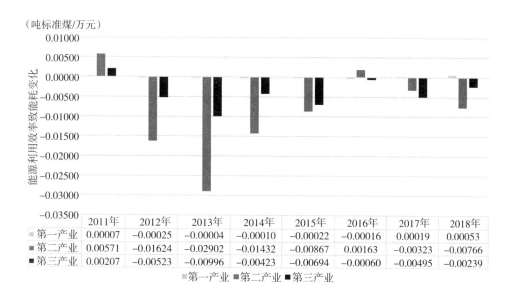

	2011年	2012年	2013年	2014年	2015年	2016年	2017年	2018年
第一产业	0.00007	-0.00025	-0.00004	-0.00010	-0.00022	-0.00016	0.00019	0.00053
第二产业	0.00571	-0.01624	-0.02902	-0.01432	-0.00867	0.00163	-0.00323	-0.00766
第三产业	0.00207	-0.00523	-0.00996	-0.00423	-0.00694	-0.00060	-0.00495	-0.00239

■第一产业　■第二产业　■第三产业

图 3 - 6　各年能源利用效率提高带来的能耗变化

第二节　节能贡献度构成

如图 3 - 7 所示，2010 年以来，广东省能耗强度不断下降，从 2010 年的 0.5467 吨标准煤/万元（2010 年价）下降到 2020 年的 0.3115 吨标准煤/万元（2010 年价）。截至 2020 年广东省单位 GDP 能耗强度已经比 2010

（吨标准煤/万元）

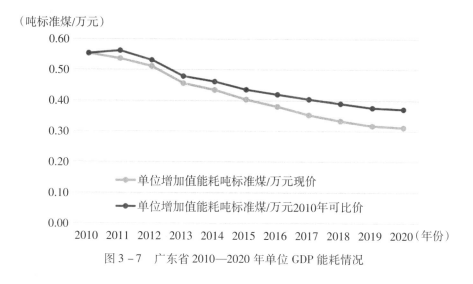

图 3 - 7　广东省 2010—2020 年单位 GDP 能耗情况

年累计下降超过 35%。

如表 3-1~表 3-4 所示，从三次产业角度看，广东省第一产业单位增加值能耗从 2010 年的 0.1777 吨标准煤/万元（2010 年价），上升到 2020 年的 0.1676 吨标准煤/万元（2010 年价），增加值能耗不降反升，这主要是广东省农业科技进步带来机械化作业程度越来越高导致的。

表 3-1　2010—2020 年广东省第一产业能耗强度及能源消费情况

年份	能源消费总量（万吨标准煤）	一产能耗占全社会比重	地区生产总值（亿元）	地区生产总值（亿元）2010 年价	一产增加值占全社会比重	单位增加值能耗（吨标准煤/万元）现价	单位增加值能耗（吨标准煤/万元）2010 年可比价
2010	400.60	1.57%	2254.49	2254.49	4.84%	0.1777	0.1777
2011	445.72	1.57%	2614.59	2487.69	4.85%	0.1705	0.1792
2012	463.59	1.59%	2778.48	2664.54	4.80%	0.1669	0.1740
2013	473.85	1.66%	2876.42	2736.28	4.54%	0.1647	0.1732
2014	490.85	1.66%	3038.71	2870.60	4.42%	0.1615	0.1710
2015	502.45	1.67%	3189.76	3029.73	4.32%	0.1575	0.1658
2016	530.55	1.70%	3500.49	3273.37	4.34%	0.1516	0.1621
2017	544.67	1.68%	3611.44	3264.61	4.03%	0.1508	0.1668
2018	615.19	1.85%	3831.44	3411.05	3.94%	0.1606	0.1804
2019	618.21	1.81%	4351.26	3668.98	4.04%	0.1421	0.1685
2020	670.30	1.94%	4770.00	4007.53	4.31%	0.1405	0.1673

第二产业方面（表 3-2），其单位增加值能耗从 2010 年的 0.7062 吨标准煤/万元（2010 年价），下降到 2020 年的 0.5629 吨标准煤/万元（2010 年价）。第二产业中工业的增加值能耗从 2010 年的 0.7274 吨标准煤/万元（2010 年价）下降到 2020 年的 0.6065 吨标准煤/万元（2010 年价）。

表 3-2　2010—2020 年广东省第二产业能耗强度及能源消费情况

年份	能源消费总量（万吨标准煤）	二产能耗占全社会比重	地区生产总值（亿元）	地区生产总值（亿元）2010 年价	二产增加值占全社会比重	单位增加值能耗（吨标准煤/万元）现价	单位增加值能耗（吨标准煤/万元）2010 年可比价
2010	16 452.13	64.66%	23 296.73	23 296.73	50.05%	0.7062	0.7062
2011	18 255.97	64.10%	26 733.70	25 436.20	49.59%	0.6829	0.7177
2012	18 357.07	62.99%	27 981.32	26 833.89	48.31%	0.6560	0.6841
2013	17 668.42	62.04%	29 837.46	28 383.79	47.09%	0.5922	0.6225
2014	18 097.05	61.15%	32 357.19	30 567.09	47.05%	0.5593	0.5920
2015	18 310.07	60.74%	33 642.00	31 954.21	45.54%	0.5443	0.5730
2016	18 958.08	60.68%	35 109.66	32 831.64	43.52%	0.5400	0.5774
2017	19 577.18	60.53%	38 008.06	34 357.91	42.37%	0.5151	0.5698
2018	19 980.75	59.95%	40 695.15	36 230.07	41.83%	0.4910	0.5515
2019	20 077.86	58.81%	43 546.43	36 718.35	40.44%	0.4611	0.5468
2020	20 510.49	59.45%	43 450.78	36 434.79	39.23%	0.4720	0.5629

表 3-3　2010—2020 年广东省工业能耗强度及能源消费情况

年份	能源消费总量（万吨标准煤）	工业消费能耗占全社会比重	地区生产总值（亿元）	地区生产总值（亿元）2010 年可比价	工业消费增加值占全社会比重	单位增加值能耗（吨标准煤/万元）现价	单位增加值能耗（吨标准煤/万元）2010 年可比价
2010	15 813.16	62.15%	21 740.56	21 740.56	46.71%	0.7274	0.7274
2011	17 561.14	61.66%	24 931.69	23 721.65	46.25%	0.7044	0.7403
2012	17 641.61	60.53%	26 086.03	25 016.32	45.03%	0.6763	0.7052
2013	16 976.38	59.61%	27 735.26	26 384.00	43.78%	0.6121	0.6434
2014	17 358.86	58.66%	30 079.24	28 415.17	43.73%	0.5771	0.6109
2015	17 575.93	58.30%	31 290.75	29 720.92	42.36%	0.5617	0.5914
2016	17 707.17	56.68%	32 650.89	30 532.40	40.48%	0.5423	0.5799
2017	18 144.71	56.10%	35 291.83	31 902.54	39.34%	0.5141	0.5688

年份	能源消费总量（万吨标准煤）	工业消费能耗占全社会比重	地区生产总值（亿元）	地区生产总值（亿元）2010 年可比价	工业消费增加值占全社会比重	单位增加值能耗（吨标准煤/万元）现价	单位增加值能耗（吨标准煤/万元）2010 年可比价
2018	18 624.85	55.88%	37 588.13	33 463.95	38.64%	0.4955	0.5566
2019	19 361.50	56.71%	39 398.46	33 220.78	36.59%	0.4914	0.5828
2020	19 784.25	57.34%	38 903.90	32 600.09	35.12%	0.5085	0.6065

第三产业方面（表 3 - 4），其单位增加值能耗从 2010 年的 0.2262 吨标准煤/万元（2010 年价），下降到 2020 年的 0.1456 吨标准煤/万元（2010 年价）。

表 3 - 4　2010—2019 年广东省第三产业能耗强度及能源消费情况

年份	能源消费总量（万吨标准煤）	三产能耗占全社会比重	地区生产总值（亿元）	地区生产总值（亿元）2010 年可比价	三产增加值占全社会比重	单位增加值能耗（吨标准煤/万元）现价	单位增加值能耗（吨标准煤/万元）2010 年可比价
2010	4749.44	18.67%	20 993.41	20 993.41	45.10%	0.2262	0.2262
2011	5393.13	18.94%	24 560.30	23 368.29	45.56%	0.2196	0.2308
2012	5721.75	19.63%	27 164.96	26 051.00	46.90%	0.2106	0.2196
2013	5802.09	20.37%	30 644.04	29 151.07	48.37%	0.1893	0.1990
2014	6001.63	20.28%	33 381.35	31 534.59	48.54%	0.1798	0.1903
2015	6209.59	20.60%	37 044.61	35 186.12	50.14%	0.1676	0.1765
2016	6895.41	22.07%	42 056.57	39 327.81	52.14%	0.1640	0.1753
2017	7219.81	22.32%	48 085.73	43 467.76	53.60%	0.1501	0.1661
2018	7593.19	22.78%	52 751.18	46 963.30	54.23%	0.1439	0.1617
2019	8007.62	23.45	59 773.38	50 400.92	55.51%	0.1340	0.1589
2020	7634.13	22.13%	62 540.80	52 442.34	56.46%	0.1221	0.1456

此外，广东省居民生活能源消费增长较快（表 3 - 5），从 2010 年的 2922 万吨标准煤增长到 2020 年的 5688.01 万吨标准煤，接近翻一番。

表 3 – 5　2010—2020 年广东省居民生活能源消费情况

年份	能源消费总量（万吨标准煤）	生活消费能耗占全社会比重
2010	2992.75	11.76%
2011	3685.23	12.94%
2012	3834.65	13.16%
2013	3722.01	13.07%
2014	4080.05	13.79%
2015	4364.56	14.48%
2016	4856.71	15.55%
2017	5000.00	15.46%
2018	5141.17	15.42%
2019	5438.21	15.93%
2020	5688.01	16.49%

一、能源结构优化对节能的贡献

从全社会能源消费总量的概念看，能源结构主要包括煤、油、气、电、其他。油主要消费在交通领域，随着广东省交通领域朝向电气化发展，少部分油品正逐步被电能替代。电力占能源消费比重的增长对节能贡献率较为有限，主要是因为电力消费的能耗是按照全省平均发电标准煤耗的等价值进行测算的，电力在终端能源中的消费是否节能主要取决于全省发电标准煤耗是否下降。由于当前广东省现有电厂节能空间已经非常有限，全省发电标准煤耗下降主要依靠"煤改气"。因此，能源结构调整对节能的贡献主要来自于"煤改气"，一是推动燃煤电厂退出后由燃气电厂替代；二是工业用煤实施"煤改气"。从燃煤和燃气使用效率的比较来看，无论电力行业还是工业锅炉，燃气的总体使用效率比燃煤高10%～15%。

表 3-6 广东省近年来能源消费结构变化情况

年份	全社会能源消费总量（万吨标准煤）	构成（%）			
		煤	原油	天然气	一次电力及其他
2010	25 445.22	45.37	30.49	4.68	19.46
2011	28 479.99	49.15	28.23	5.27	17.35
2012	29 144.01	45.59	27.63	5.24	21.54
2013	28 479.70	45.64	27.52	5.39	21.45
2014	29 593.26	42.70	26.25	5.95	25.1
2015	30 145.49	40.68	27.34	5.45	26.53
2016	31 240.75	38.01	27.99	7.07	26.93
2017	32 341.66	38.79	28.06	7.39	25.76
2018	33 330.30	37.46	28.25	7.54	26.75
2019	34 142.30	34.7	27.5	8.0	29.80
2020	34 502.92	33.4	26.2	9.8	30.60

笔者通过三种情景初步测算能源结构调整对节能的贡献情况。

情景一：假设广东省能源结构中煤炭占比基本不优化，到2020年仍保持2010年的45.4%左右，则到2020年广东省基本没有天然气消费，天然气消费量全部被煤炭所替代。全省2020年天然气消费量为2513.72万吨标准煤，按照全部被煤炭替代，并考虑效率下降15%~20%，则全省能源消费将从3.45亿吨标准煤增加到3.50亿~3.52亿吨标准煤。对应的单位GDP能耗约为（2020年当年价）0.3161~0.3176吨标准煤/万元，而2020年广东省实际单位GDP能耗为0.3115吨标准煤/万元。可以看出，即使广东省将当前290亿方的天然气消费全部由煤炭来替代，对广东省单位GDP能耗的不利影响也非常有限，大概是2019年的单耗水平。可见，"煤改气"对全省节能的贡献程度有限。

情景二：以2020年全省用能情况为例，将全省煤炭占能源消费比重33.4%进行优化，使其下降到20%，相应的将天然气占全省能源消费比重增加到23.2%，其他保持不变。则2020年全省能源消费总量将从约3.45亿吨标准煤下降到约3.36亿~3.38亿吨标准煤，相应的单位GDP能耗强度为0.3032~0.3052吨标准煤/万元，比2020年实际单位GDP能耗强度下降了0.0063~0.0083吨标准煤/万元，贡献程度非常有限。

情景三：综合考虑 2010—2020 年全省发电技术进步 + 全省电源结构优化，广东省发电标准煤耗从 2010 年的 305 克标准煤/千瓦时，下降到 2020 年的 288 克标准煤/千瓦时。若按照 2020 年全省发电标准煤耗保持与 2010 年不变（即不下降），则本省发电部分将增加能耗（2020 年全年本省火电发电量为 3425.65 亿千瓦时）582.36 万吨标准煤，相应的单位 GDP 能耗强度约为 0.3168 吨标准煤/万元，比 2020 年实际单位 GDP 能耗强度增加了约 0.0053 吨标准煤/万元，对全省单位 GDP 能耗强度影响较小。由于广东省发电标准煤耗的下降是由"节能技术进步"（如辅助设备改造等）+"发电侧煤改气"两个部分贡献，结合情景三分析可知，若不考虑技术进步，仅考虑发电侧煤改气，则电力行业煤改气对全省单位 GDP 能耗强度下降影响比情景三情况下更小。

图 3-8　广东省 2010—2020 年全省火电发电标煤耗

表 3-7　2020 年广东省发电情况

	发电量（亿千瓦时）		
	2020 年	2019 年	同比（%）
全省发电量合计	5048.44	4851.50	4.06
水电	206.13	312.63	-34.06

续表 3 - 7

	发电量（亿千瓦时）		
	2020 年	2019 年	同比（%）
蓄能	79.29	78.64	0.82
火电	3425.65	3229.81	6.06
其中：燃煤	2524.87	2478.63	1.87
燃气	737.76	631.01	16.92
生物质	163.02	120.17	35.66
核电	1160.78	1105.57	4.99
风电	102.94	71.45	44.07
太阳能	73.65	53.40	37.93

从三种情景结果看，能源结构优化对广东省单位 GDP 能耗下降的作用较为有限，即使全省煤炭消费从目前的 1.68 亿吨（实物量），下降到约 9000 万吨（实物量），其对全省单位 GDP 能耗下降的贡献也不到 0.01。

二、三次产业结构优化对节能的贡献

如图 3 - 9 所示，"十二五"规划以来，广东省产业结构不断优化，三次产业结构从 2010 年的 4.84 : 50.05 : 45.10 演进到 2020 年的 4.31 : 39.23 : 56.46。

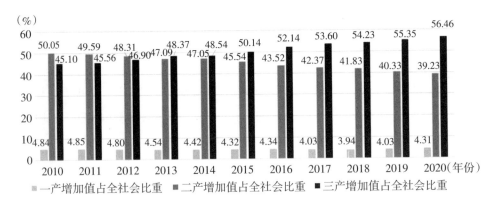

图 3 - 9　广东省 2010—2020 年产业结构变化

产业结构优化对广东省单位 GDP 能耗强度下降具有一定作用，为了测算产业结构调整对广东省单位 GDP 能耗强度下降的作用，假设 2020 年全省三次产业结构保持与2010年不变，则2020年全省第一产业能源消费为753.90万吨标准煤，第二产业为26 181.58万吨标准煤，第三产业为6090.60万吨标准煤，第一、第二、第三产业加上居民生活消费的全省能源消费总量为38 714.09万吨标准煤，进一步核算全省单位GDP能耗约为0.350吨标准煤/万元，比2020年实际单位GDP能耗强度增加了约12.2%。可见，三次产业结构优化对全省单位GDP能耗强度影响较大。

三、三次产业产值单耗下降对节能的贡献

为了测算三次产业单耗下降对全省单位GDP能耗下降的影响程度，假定第一、第二、第三产业单位增加值能耗不发生变化，即2020年三次产业单位增加值能耗与2010年保持一致，则2020年第一、第二、第三产业单位增加值能耗分别为0.178吨标准煤/万元、0.706吨标准煤/万元、0.226吨标准煤/万元，测算出2020年三次产业能耗总量分别为712.10万吨标准煤、25 780万吨标准煤和11 887.24万吨标准煤，加上居民生活能耗后的总能耗为41 997.83万吨标准煤，相应的单位GDP能耗为0.451吨标准煤/万元（2010年价），比2020年实际单位GDP能耗强度（2010年价）增加了约21.72%，相当于介于2014年和2015年之间的水平。可见，三次产业产值单耗下降对全省单位GDP能耗强度影响较大。

图3-10　广东省2010—2020三次产业增加值能耗变化情况（当年价）

四、第二产业结构内部优化对节能的贡献

1. 较高耗能行业能耗情况

为了找出广东省工业行业内部结构优化对全省单位 GDP 能耗的影响，首先将六大高耗能行业＋纺织业＋造纸业作为一个整体进行分析（以下简称八大行业）。

如图 3 - 11、图 3 - 12 所示，2010 年到 2020 年广东省八大行业增加值占全省 GDP 的比重不断下降，从 2010 年的接近 12%，下降到 2020 年的6.28%。与此同时，八大行业增加值占全省工业增加值的比重也从 2010 年的 25.6% 下降到 2020 年的 18%。但能耗方面，八大行业占全省工业能耗

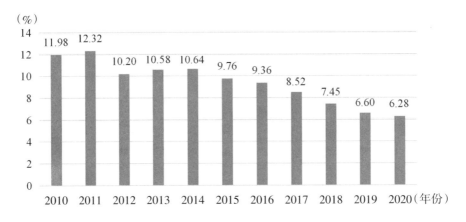

图 3 - 11　八大行业增加值占全省 GDP 比重变化

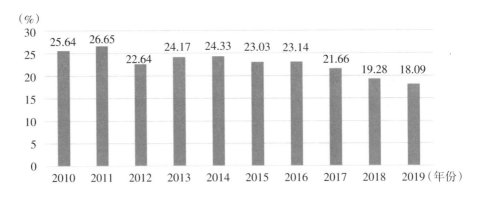

图 3 - 12　八大行业增加值占全省工业增加值比重变化

的比重自 2010 年以来一直保持在 65% 以上，占比基本没有变化。这充分说明高耗能行业为主的八大行业单位增加值能耗在近 5 年对广东省第二产业增加值能耗的下降有负面影响。

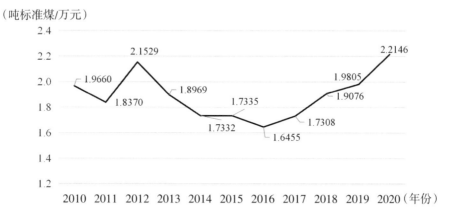

图 3 - 13　八大行业单位增加值能耗（2010 年可比价）

　　如前所述，广东省第二产业增加值能耗从 2010 年的 0.7062 吨标准煤/万元（2010 年价）下降到 2020 年的 0.5618 吨标准煤/万元（2010 年价），但由图 3 - 13 可知，八大行业的增加值能耗由 2010 年的 1.9660 吨标准煤/万元（2010 年价）变为 2020 的 2.2146 吨标准煤/万元（2010 年价）。由图 3 - 2 可以看出，近 10 年来八大高耗能行业的单位增加值能耗在"十二五"期间下降了一定的幅度，"十三五"期间又缓慢上升，总体回到 2010 年水平。

　　广东省主要行业能源消费量占全省总体能源消费与工业能耗比重如图 3 - 14 和图 3 - 15 所示，表明广东省第二产业增加值能耗下降主要是由非高耗能行业拉动，且其拉动效果明显大于高耗能行业的负面影响，主要原因是广东省新兴产业和先进制造业快速发展，其附加值较高，能耗强度较低。

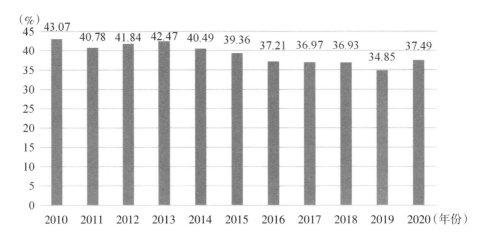

图 3 - 14　八大行业能源消费量占广东省比重

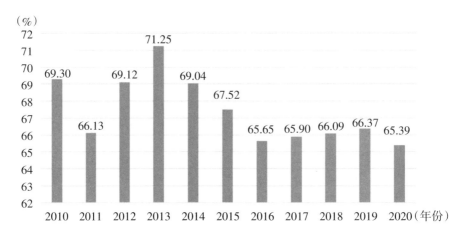

图 3 - 15　八大行业能源消费量占广东省工业能耗比重

2. 较低耗能行业能耗情况

为了进一步分析广东省较低耗能行业（先进制造业等）近年能耗变化情况，选择了"食品制造业""医药行业""通用设备制造业""专用设备制造业""电气机械和器材制造业""计算机通信和其他电子设备制造业"共六个行业（以下简称"六大行业"）的能耗情况。

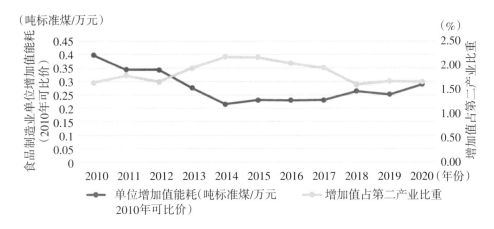

图 3 – 16　广东省食品制造行业 2010—2020 年增加值占比及能耗情况

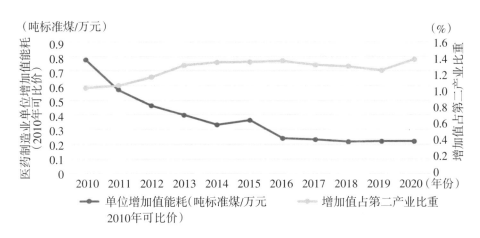

图 3 – 17　广东省医药制造行业 2010—2020 年增加值占比及能耗情况

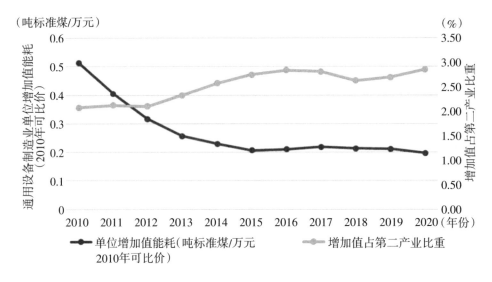

图 3-18   广东省通用设备制造行业 2010—2020 年增加值占比及能耗情况

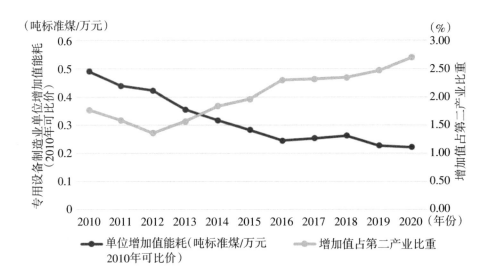

图 3-19   广东省专用设备制造行业 2010—2020 年增加值占比及能耗情况

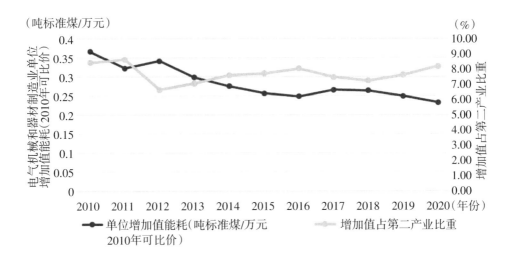

图 3 − 20　广东省电气机械和器材设备制造行业 2010—2020 年增加值占比及能耗情况

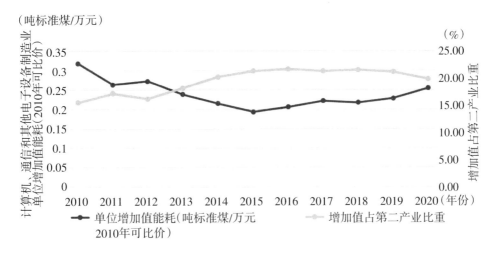

图 3 − 21　广东省计算机通信和其他电子设备制造行业 2010—2020 年增加值占比及能耗情况

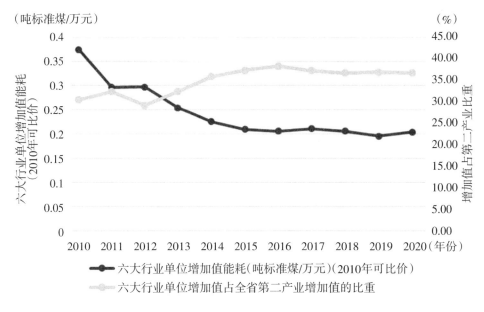

图 3 – 22　广东省六大行业 2010—2020 年增加值占比及能耗情况

由图 3 – 22 可见，2010—2020 年"六大行业"增加值占全省第二产业增加值的比重总体上不断上升，但其增加值能耗持续下降。可以明显看出，全省第二产业内部来看，低耗能的行业对第二产业能耗下降的拉动效果显著大于高耗能行业的负面效果。

综上所述，"十二五"和"十三五"期间，广东省单位 GDP 能耗下降的贡献度从大到小依次为"第二产业内部结构优化 + 技术进步""三次产业产值单耗下降""三次产业结构调整""能源结构调整"。由于技术进步更多体现在单位产品能耗方面，其对全省单位 GDP 能耗的贡献难以有效量化。

第四章　广东节能潜力分析

　　节能潜力可以分为理论节能潜力和现实节能潜力。理论节能潜力简单来说就是本地区的能源利用状况与国际先进水平之间的差距，比如广东2018年单位GDP能耗是日本的2倍，理论上来说单位GDP能耗至少还可以下降50%，但是由于受资源禀赋、科技创新能力和全球产业链分工等因素的限制，理论节能潜力只能是一个长期的努力目标，在短期内很难全部实现。现实节能潜力则是指在一定的历史和现实约束条件下，通过调整资源配置结构、提高能源利用效率等切实可行的方式可以实现的能源节约量，可以表达为完成某一经济发展目标所消耗的能源与在原来经济增长方式下达到同样经济目标所消耗能源的差值。很明显，广东"十四五"时期节能潜力是一种现实节能潜力，是在不降低经济发展预期目标的基础上通过区域节能、产业结构调整、技术进步等相关措施可以实现的节能潜力。

第一节　产业结构调整节能潜力

　　产业结构调整包括第一、第二、第三产业之间和第二产业内部的调整。

一、三次产业结构调整

　　"十三五"时期，广东经济年均增长6.0%，到2020年地区生产总值达11.08万亿元，连续32年位居全国第一。根据《广东省国民经济和社会发展第十四个五年规划和2035年远景目标纲要》，预测"十四五"期间广东GDP年均增长5%左右，到2025年约141 362亿元（2020年价，下同），同时，经济结构更加优化，现代化经济体系建设取得重大进展。参考广东省社科院发布的《广东2035：发展趋势与战略研究》，预计到2025年，第一、第二、第三产业比重为3.38：39.22：57.40，其中第一产业增加值4778亿元，第二产业增加值55 442亿元，第三产业增加值81 142亿元。

2020年，广东第一产业单位增加值能耗0.141吨标准煤/万元（2010年价，下同），第二产业单位增加值能耗0.472吨标准煤/万元，第三产业单位增加值能耗0.122吨标准煤/万元。假设2020—2025年时期广东三次产业单位增加值能耗不变，只是经济结构变化，居民能源消费按照人均生活用能（0.451吨标准煤）和年均3%增速测算，预计"十四五"期间居民生活新增能耗需求约1207万吨标准煤。到2025年，广东第一产业能源消费量将为671万吨标准煤，第二产业能源消费量26 183万吨标准煤，第三产业产业能源消费量9893万吨标准煤，居民能源消费量6895万吨标准煤，全省能源消费量合计43 642万吨标准煤，单位GDP能耗0.309吨标准煤/万元（2020年价，见表4-1）。经过结构节能后2025年单位GDP能耗仅比2018年下降0.9%。因此，从"十四五"预计的目标来看，广东通过三次产业结构调整能够发挥的节能潜力极为有限。

表4-1　2025年广东能源消费情况（产业结构调整节能，2020年价）

行业	单位GDP能耗 （吨标准煤/万元）	增加值 （亿元）	能源消费量 （吨标准煤）
第一产业	0.141	4778	671
第二产业	0.472	55 442	26 183
第三产业	0.122	81 142	9893
居民消费	—	—	6895
合计	0.312	141 362	43 642

二、工业行业内部结构调整

2020年八大行业消费的能耗量约为12 936.3万吨标准煤，占全社会能源消费总量的37.5%（占工业能源消费量的65.4%），但是贡献的行业增加值仅占全省 GDP 的 6.2%（占工业行业增加值的 21.2%），在产业结构内部进行调整，尽量提高非高耗能行业的附加值，对全社会的节能将有较大的贡献。

近年来，广东省八大行业工业增加值总量在 2015 年达到最高值（14 278 亿元，2020 年价，下同）后即保持减少趋势，2020 年降至 6895 亿元。如表 4 - 2，图 4 - 1、图 4 - 2 所示，八大行业工业增加值占全社会 GDP 比重则一直保持下降趋势，从 2011 年的 12.32% 下降至 2020 年的 6.2%。主要原因为近年来广东省大力推进产业结构调整，发展战略新兴产业和先进制造业，传统的高耗能产业在经济发展中的地位不断下降。

表 4 - 2　八大重点耗能行业近年来工业增加值情况（2020 年可比价）

行业	2010 年	2011 年	2012 年	2013 年	2014 年	2015 年	2016 年	2017 年	2018 年	2019 年	2020 年
纺织业	1207	1441	908	1077	1201	1217	1178	1093	899	897	482
造纸和纸制品业	746	764	629	715	853	871	897	1027	950	905	501
石油加工、炼焦和核燃料加工业	1413	1368	1186	1306	1465	1087	1195	1669	2272	1669	734
化学原料和化学制品制造业	2377	2741	2385	2587	2617	2605	2670	2446	2140	2037	1191
非金属矿物制品业	1595	1857	1558	1914	2306	2452	2480	2436	2181	2425	1471
黑色金属冶炼和压延加工业	621	804	754	861	837	740	798	746	689	772	386
有色金属冶炼和压延加工业	1005	1104	869	1130	1192	1059	994	823	647	523	451
电力、热力生产和供应业	2304	2700	3157	3295	3501	3806	4067	3721	3260	3076	1678
合计	11 266	12 778	11 448	12 887	13 974	13 835	14 278	13 964	13 043	12 305	6895

（单位：亿元）

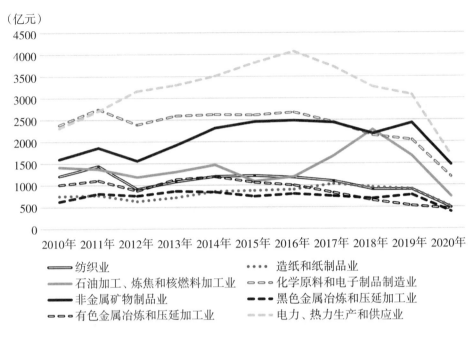

图 4-1 八大行业近年来工业增加值变化趋势（2020 年可比价）

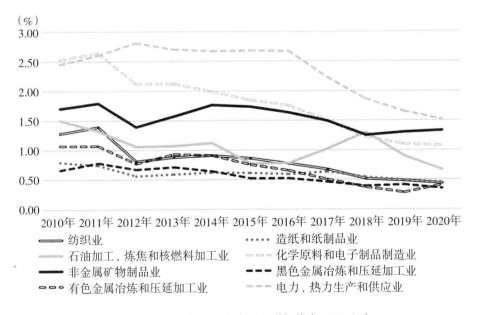

图 4-2 八大行业近年来工业增加值占 GDP 比重

为了分析工业行业内部结构调整对全社会节能潜力的影响,假定2025年对八大行业占全省GDP比重进行一定幅度的下降,三次产业单位增加值能耗以及第二产业内部的工业增加值能耗保持不变。

结果显示,如果八大行业增加值占GDP比重保持不变,仍为2020年的6.2%,2025年全省单位GDP能耗预计达0.323吨标准煤/万元,和2020年相比上升3.7%;如果下降至4.2%,2025年单位GDP能耗预计可降至0.290吨标准煤/万元,和2020年相比下降6.9%;若八大行业增加值占GDP比重降至较低的2.2%,则全省单位GDP能耗预计可降至0.258吨标准煤/万元,和2020年相比下降17.3%,在一定范围内,八大行业增加值占GDP比重下降1个点可实现增加5个百分点的单位GDP能耗降幅。由此可见,工业行业内部结构优化的节能效果非常明显,也有较大的节能潜力(表4-3)。

表4-3　工业行业内部结构调整对全社会节能潜力的影响

八大行业增加值占GDP比重下降百分点（和2019年比）	-1	0	2	3	4
八大行业增加值占GDP比重	7.62%	6.62%	4.62%	3.62%	2.62%
2025年GDP（亿元）	124 053				
八大行业增加值（亿元）	9453	8212	5730	4490	3249
八大行业能耗量（万吨标准煤）	18 032	15 665	10 931	8564	6198
八大行业单位增加值能耗（吨标准煤/万元）	1.908				
二产中其他产业增加值（亿元）	39201	40 441	42 923	44 164	45 404
二产中其他产业能耗（万吨标准煤）	10 531	10 865	11 531	11 865	12 198
第二产业能耗（万吨标准煤）	28 563	26 530	22 462	20 429	18 396
全社会能源消费总量（万吨标准煤）	47 143	45 110	41 042	39 009	36 976
单位GDP能耗（吨标准煤/万元）	0.3800	0.3636	0.3308	0.3145	0.2981
和2018年相比下降幅度（吨标准煤/万元）	1.3%	5.5%	14.0%	18.3%	22.6%

注:涉及GDP的相关数据皆为2020年可比价。

第二节　行业节能潜力

根据对重点企业、相关行业协会及行业专家等实地调研情况，对广东省重点用能行业"十四五"期间节能潜力进行了初步分析。

一、钢铁行业

2021 年，国家发改委发布了《国家发展改革委关于钢铁冶炼项目备案管理的意见》，意见中重点提到化解钢铁过剩产能的问题；同年，国家《"十四五"节能减排综合工作方案》中提出将长流程高炉等向短流程电弧炉转型，并推进钢铁行业超低排放的改造。2022 年，国家工信部等联合发布了《关于促进钢铁工业高质量发展的指导意见》，意见中提出优化钢铁行业结构，单位产品综合能耗下降 2% 以上的目标。《广东省"十四五"节能减排实施方案》中提出要对钢铁行业实施节能减碳行动并实现产能达到能效标杆水平的比例超过 30%，新建钢铁行业原则上实行省内产能置换，对低于本行业能耗限额准入值的按有关规定停工整改。国家和广东省对钢铁行业的总体政策决定未来广东省钢铁行业必将持续优化整合和效率提升，因此广东省钢铁行业节能降碳仍有一定潜力空间。

2019 年，通过对广东省钢铁行业能效进行对标，吨钢综合能耗标杆值为 560 千克标准煤/吨（含焦化工序），411 千克标准煤/吨（无焦化工序）。从工序能耗看，其中，烧结工序：43 千克标准煤/吨，高炉炼铁工序：323 千克标准煤/吨，转炉工序：-26 千克标准煤/吨，电炉工序：52 千克标准煤/吨，轧钢工序（小型轧机）：30 千克标准煤/吨（表 4-4）。

"十四五"时期，通过技术节能（通过实施 TRT、煤气回收、低温烟气利用等措施、AI 人工智能调配等），以及行业能效对标，钢铁行业 5 年可以降低吨钢综合能耗 5～8 千克标准煤/吨钢；管理节能方面若匹配得好，可以降低吨钢综合能耗 3～5 千克标准煤/吨钢。合计降低吨钢综合能耗 8～13 千克标准煤/吨钢，则可以实现年节能约 70 万吨标准煤。加上"十四五"时期，淘汰低于 50 万吨产能的小型钢铁企业约有 12 家，产能合计 500 万吨、可节能约 50 万吨标准煤；其他存量产能可节能 128 万吨标准煤，合计节能量约 120 万吨标准煤。

表 4－4　广东省钢铁行业各主要耗能工序节能潜力

产品名称	单耗指标单位	2019 年的单耗水平	2025 年的单耗水平
焦炭	炼焦工序能耗（千克标准煤/吨）	100	95
球团矿	球团工序能耗（千克标准煤/吨）	35	35
烧结矿	烧结工序能耗（千克标准煤/吨）	43	46
转炉钢	转炉工序能耗（千克标准煤/吨）	－26	－26
生铁	高炉工序能耗（千克标准煤/吨）	409	390
电炉钢	电弧炉工序能耗（千克标准煤/吨）	63	60

由于广东钢铁行业以长流程为主，而长流程钢铁由于焦化、烧结、球团、炼钢、轧钢（热、冷）、厚板等工序较长（即使广东新建的湛江宝钢在长流程钢铁里单位产品综合能耗是先进的），相比没有焦炉炼钢的短流程钢铁企业（广东部分短流程钢铁在短流程能效标准看并不是特别先进）仍然高很多。因此，广东钢铁行业未来应进一步加快钢铁行业内部结构优化，通过各种政策引导长流程工艺向短流程改造，改造后可以考虑按照一定比例给予产能优惠。同时，针对短流程钢铁企业，出台政策引导企业通过重组、置换等方式上大压小重新整合。此外，进一步加快淘汰低能效的长流程和短流程钢铁企业，并不予置换或重组。

下一步，针对长流程钢铁可持续在烧结（努力达到低于 45 千克标准煤/吨，当量值）、焦化（努力达到 115 千克标准煤/吨，当量值）、炼铁（努力达到 330 千克标准煤/吨以下，当量值）、转炉（努力达到－30 千克标准煤/吨，当量值）等工序实施节能技改。针对短流程钢铁可重点推广电炉相关节能技术，推动电炉工序能耗努力达到 61 千克标准煤/吨以下（当量值，公称容量大于等于 50 千克标准煤）。

二、电力行业

2020 年火电发电标准煤耗完成 288 克/千瓦时，2015 年为 293 克/千瓦时，"十三五"期间下降 5 克/千瓦时。"十四五"时期，随着电源结构优化、退役落后机组及节能降损等工作的开展，预计综合发电煤耗及供电过程的能耗损失将进一步下降。

一是煤电比例下降、气电比例上升促进发电煤耗下降。"十四五"期间，广东省将加快发展非化石能源，合理发展天然气发电，合理适度发展清洁煤电，新增天然气装机 1900 万千瓦，发电量比重提高 4 个百分点，至 2025 年发电量约 1410 亿千瓦时，占比 16%；净新增煤电装机 509 万千瓦（新增 958 万千瓦，退役煤电 449 万千瓦），发电量比重下降 4 个百分点，至 2025 年发电量约 3010 亿千瓦时，占比 34%；此外新增生物质装机 200 万千瓦，新增发电量超过 100 亿千瓦时，生物质发电煤耗较高，受原料差异影响其发电煤耗在 400～600 克标准煤/千瓦时。若不考虑新增低煤耗机组带来的发电煤耗下降，预计结构优化可推动综合发电煤耗下降 1 克标准煤/千瓦时，按照 2025 年全社会用电量 8800 亿千瓦时计，全社会发电能耗减少近 90 万吨标准煤；如果国家同意生物质发电不纳入综合发电煤耗统计，则"十四五"综合发电煤耗可下降 5 克标准煤/千瓦时左右，全社会发电能耗减少约 440 万吨标准煤。

二是退役落后机组释放用能空间。"十四五"计划退役 449 万千瓦发电煤耗较高的老旧煤电机组，新增煤电均为单机 60 万千瓦及以上机组，发电煤耗 255～270 克标准煤/千瓦时。新上先进煤电机组发电煤耗较退役机组降低 45～60 克标准煤/千瓦时，考虑发电小时在 4000 小时左右，预计可节约能耗 80～110 万吨标准煤。

三是降低厂用电及输电损耗节能。"十四五"广东省新增电源以厂用电率较低的气电（1.95% 左右）为主，厂用电率较高的煤电（5.5% 左右）及核电（5.75% 左右）发电量占比分别下降 4 个和 2 个百分点，预计带动全省综合厂用电率下降 0.15 至 0.25 个百分点，2025 年节约广东省发电厂厂用电量 11 亿～18 亿千瓦时。2019 年广东省综合线损率 3.97%，已处于较低水平，根据《南方电网公司"十四五"能源节约与环境报告规划研究》初步成果，预计"十四五"进一步下降 0.2 个百分点，节约输电损耗约 17 亿千瓦时。预计降低厂用电及线损损耗可节约电量 28 亿～35 亿千瓦时，节约用能 80 万～100 万吨标准煤。

综上，预计"十四五"时期电力结构优化和电力行业节能可释放 250

万～300 万吨标准煤的用能空间，若生物质不纳入综合发电煤耗统计，则可释放 600 万～650 万吨标准煤的用能空间。

三、造纸行业

广东造纸行业 2019 年综合能源消费量 681.68 万吨标准煤，单位工业增加值能耗 1.3 吨标准煤/万元。

"十三五"期间，造纸行业大力实施节能改造，淘汰落后产能和工艺设备，由 2015 年的 344.37 千克标准煤/吨下降到 2019 年的 295 千克标准煤/吨，实现节能量 87 万吨标准煤。共关停、淘汰落后产能 540 万吨，腾出能耗空间约 70 万吨标准煤，有力支持了行业的转型升级和做大做强。与国标能耗限额对比，省内主要造纸企业直接生产系统能耗多数达到或低于国标先进值。

展望"十四五"，造纸行业重点开展的节能技术和设备主要有真空系统透平风机取代水环真空泵技术改造、纸机压榨部靴压改造、建立能源在线监测系统等项目。另外，"煤改气"项目将大幅提高能源利用效率。据初步统计，"十四五"时期造纸企业煤改气项目 9 项，透平风机取代水环真空泵项目 4 项，纸机压榨部靴压改造项目 3 项，造纸废渣焚烧项目 2 项。重点技术改造项目共 24 项，总投资额 14.5 亿元。

"十四五"时期，预计通过关停淘汰造纸产能约 159 万吨，腾出能耗空间约 83 万吨标准煤，其他存量企业通过节能技改预计可实现节能量 16 万吨标准煤，合计节能量 100 万吨标准煤。

四、陶瓷行业

陶瓷行业的节能空间主要在：窑炉、喷雾塔、尾气利用、干法生产、薄板化及"煤改气"。陶瓷行业按照 2025 年达到能耗限额标准最先进估测，存量产能节能空间约 85 万吨标准煤。关停退出方面，根据广东省生态环境厅相关数据情况预测，肇庆、清远、佛山"煤改气"可能导致约 240 条生产线关停退出；保守按其目标的 50% 测算，全省将腾出能耗空间约 58 万吨标准煤。因关停腾出的能耗空间与存量产能节能空间有部分交叉，关停叠加存量能效提升，预计陶瓷行业可腾出能耗空间约 100 万吨标准煤（表 4 - 5）。

表 4 - 5　广东省陶瓷行业节能潜力

产品名称	单耗指标单位	2019 年单耗水平	2019 年能耗量（万吨标准煤）	预测 2025 年单耗水平	存量产能的产量（万吨）	"十四五"节能潜力（万吨标准煤）	淘汰落后产能能耗空间（万吨标准煤）	合计（万吨标准煤）
吸水率 $E \leqslant 0.5\%$ 陶瓷砖	kgce/m²	6	390	5	56 163	56	58	100（当量值）
吸水率 $0.5\% < E \leqslant 10\%$ 陶瓷砖	kgce/m²	4	12	4	1981	2		
吸水率 $E > 10\%$ 陶瓷砖	kgce/m²	4	53	4	8700	9		

五、纺织行业

2019 年广东省纺织业和纺织服装服饰业消耗 647.2 万吨标准煤，纺织业单位工业增加值能耗 1.17 吨标准煤/万元。

"十三五"期间，广东纺织行业通过引进先进工艺和推广节能技术、设备，以及能源结构优化（天然气代煤），提高了能源利用效率，单位产品能耗有较大幅度的下降。15 家重点企业统计数据显示，"十三五"期间，15 家企业节能技改累计投入 7.8 亿元，实现节能量 14.5 万吨标准煤。

"十四五"时期，纺织行业推广低浴比染色、针织物连续生产、涂料染色、冷堆法前处理、高温废水余热利用等节能技术，部分企业节能技改，但由于机械化程度不断提高会抵消一部分节能释放的空间，综合来看，预计行业可实现节能量 10 万吨标准煤。

六、水泥行业

2018 年，全省共有水泥企业 165 家（含已停产的 4 家），其中具有完整水泥生产线企业 46 家（1 家已停产，1 家已合并），熟料生产线企业 3

家，水泥粉磨站企业 116 家。2018 年全省水泥熟料产量约 1.09 亿吨，水泥总产量约 1.62 亿吨。

"十三五"时期，广东省水泥行业中可比熟料综合能耗从 2016 年初的 110.33 千克标准煤/吨，下降到 2018 年底的 108.15 千克标准煤/吨，下降 1.98%。参与对标的熟料企业中有 52.27% 的企业可比熟料综合能耗达到国内先进水平；可比水泥综合能耗从 2016 年初的 91.18 千克标准煤/吨，下降到 2018 年底的 88.34 千克标准煤/吨，下降 3.11%，有 58.5% 的企业可比水泥综合能耗达到国内先进水平；生料制备工段电耗 15.7 千瓦时/吨，同比下降 4.9%；熟料烧成工段电耗 29.67 千瓦时/吨，同比下降 2.2%；水泥制备工段电耗 34.11 千瓦时/吨，从 2016 年初的 37.1 千瓦时/吨下降到 2018 年底的 34.11 千克标准煤/吨，下降 8%。与 2016 年初相比，全行业节能量约为 25 万吨标准煤（表 4 – 6）。

表 4 – 6　水泥行业节能潜力

产品名称	单耗指标单位	2019 年单耗水平	2019 年能耗量（万吨标准煤）	预测 2025 年单耗水平	存量产能的产量（万吨）	"十四五"节能潜力（万吨标准煤）
水泥熟料	千克标准煤/吨	108	1200	100	10 895	50

水泥行业目前全省可比熟料行业平均单耗 108 千克标准煤/吨，按照 2025 年全行业赶超 GB16780—2021《水泥单位产品能源消耗限额》中熟料单位产品综合能耗 1 级能耗 100 千克标准煤/吨估测，存量节能空间约 50 万吨标准煤。

七、玻璃行业

广东省浮法玻璃企业用能占全省玻璃行业用能超过 90%，"十三五"时期，行业采取富氧燃烧、窑炉改造、空压机改造、集中供热、储能等多种方式，截至 2019 年，广东省浮法玻璃行业单位产品综合能耗行业平均值从 2018 年底的 11.43 千克标准煤/重量箱下降到 11.28 千克标准煤/重量箱，下降 1.31%；单位产品燃料能耗行业平均值从 2018 年底的 11.01 千克标准煤/重量箱下降到 10.68 千克标准煤/重量箱，下降 0.33 千克标准煤

/重量箱，下降幅度 2.98%；单位产品电耗从 2018 年底的 5.63 千瓦时/重量箱下降到 5.45 千瓦时/重量箱，下降幅度 3.20%，合计共节约近 4 万吨标准煤，全行业能效水平大幅提高。

超薄、超厚、超白等特种玻璃比例大幅提升，以及环保设施改造升级，可能导致广东省玻璃行业部分企业单位产品电耗、单位玻璃液熔窑热耗等个别指标出现不降反升的态势。预计"十四五"时期，广东省玻璃行业节能潜力更多体现为通过对标将节能技术落实到每条产线。到 2025 年预计全省玻璃行业能够实现节能约 15 万吨标准煤。

八、石化行业

2019 年，广东省原油加工量 5588 万吨，乙烯产量 348 万吨。广东省石油化工行业总能耗高度集中在已经投产的大型炼油和乙烯企业。2019 年，中国石油化工股份有限公司广州分公司、中国石油化工股份有限公司茂名分公司、中国石化湛江东兴石油化工有限公司、中海油惠州石化有限公司、中海壳牌石油化工有限公司 5 家大型石化企业合计总能耗为 2285 万吨标煤，约占全行业总能耗的 70%。

广东省平均单位原油加工能耗和乙烯单位产品综合能耗与世界先进水平比较，还存在约 10% 的差距，与全国最先进水平比较，也存在约 5% 的差距。聚乙烯、聚丙烯等较大生产规模产品的能耗处于全国较好水平。

在无机化工原料的高耗能产品方面，合成氨生产在"十三五"时期已淘汰完毕，纯碱和烧碱生产规模较小，能耗处于全国中等水平，与先进水平相比尚有约 10% 的差距。精细化工产业，如涂料、油墨、化学试剂、染料、农药、其他专用化学品等，属于低能耗产业，附加值高，产值规模较大。

"十四五"期间，开展余热余压深度回收利用技术，推进低品质热源的回收利用，推广优化换热流程、优化中段回流取热比、中低温余热利用、渗透汽化膜分离、气分装置深度热联合、高效加热炉、高效换热器等技术和装备，推广乙烯裂解炉温度与负荷先进控制技术、C2 加氢反应过程优化运行技术。通过以上技术措施，预测现有存量产能原油加工单耗可下降 5%，乙烯单耗可下降 8%，其他产品单耗下降 3%～8%，存量企业的产品单耗下降可实现节能量 150 万吨标准煤。

九、有色行业

广东省有色行业主要包括铝加工业、铜加工业、铅锌业和稀土业等。2019 年广东省有色行业的能源消费总量为 560.68 万吨标准煤。

铝加工行业在广东省有色行业中能耗占比超过 2/3。铝型材的能效水平在全国居于先进水平。广东省铜加工行业主要生产铜箔、铜线、铜棒等产品，铜冶炼和铜管材加工的能效水平在全国居于先进水平。

铅锌行业集中在深圳市中金岭南有色金属股份有限公司韶关冶炼厂和丹霞冶炼厂这两家企业，按其设备及能效水平，约有 10% 的节能空间。

"十四五"期间，预计广东省有色行业存量企业的节能量为 4.5 万吨标准煤。

十、数据中心

按照《广东省 5G 基站和数据中心总体布局规划（2021—2025 年）》，到 2025 年全省数据中心达到 100 万个标准机架、全行业平均 PUE 值达到 1.3，平均上架率 70%，全行业能耗总量接近 500 万吨标准煤。按照目前已投产和已通过节能审查在建拟建标准机架 150 万个计，行业总能耗量约 850 万吨。

根据《广东省 5G 基站和数据中心总体布局规划（2021—2025 年）》，全省数据中心 PUE 平均值在 1.77 左右。可见广东省数据中心能效水平整体偏低，因此广东省数据中心行业节能空间巨大。从全省数据中心能耗情况和能耗强度看，按 85% 负载率、70% 上架率计算，全省当前在用机架 PUE 从 1.77 降到 1.3 后，可节约用电量 29.7 亿千瓦时，折算节能量约 90 万吨标准煤。

提高数据中心能效水平，创新节能技术是主要任务之一。鼓励使用高效环保制冷技术降低能耗，支持数据中心采用新型机房精密空调、液冷、机柜式模块化等方式建设数据中心。推广制冷系统节能技术，优化气流组织，逐步通过智能化手段提高与 IT 设备运行状态的动态适配性（表 4 - 7）。

表4-7 广东省现有数据中心已在用的相关节能技术

序号	技术名称	适用范围	技术原理	技术提供方
1	板管蒸发冷却式空调机组制冷技术	新建数据中心或在用数据中心改造	1. 采用平面液膜换热技术，用自主研发的板管蒸发式冷凝器取代传统的盘管型蒸发式冷凝器，可改善流体流动状态，增大流体对冷凝器表面的湿润率及覆盖面积； 2. 在各板管式换热片之间设置填料，增加了流体经过的阻力，延长了流体的流程，同时增大了流体的蒸发式面积，提高了流体的蒸发量，充分热交换； 3. 将板管蒸发式冷凝器关键技术应用到蒸发式冷凝空调设备中，实现制冷系统的机组化	广州市华德工业有限公司
2	HOLDSTORM·AIE数据中心节能技术系列产品	新建数据中心或在用数据中心改造	通过全封闭冷热通道和分区域负载均衡二维动态控制技术，精确送风、按需送风，提高冷能利用率，达到节能高效的目标；配备智能化集中管控平台，实现精细化运行工况管控、故障风险预警和远端实时监控查询	广州汇安科技有限公司
3	数据中心单排精准高效制冷系统关键技术	新建数据中心或在用数据中心改造	整体系统采用模块化设计，将供配电系统、UPS系统、制冷系统、应急通风模块、气流管理、布线、监控管理系统、消防等数据中心基础设备集中在一个或多个封闭式的机柜内，一套机柜即是一个完整的数据中心，具有高效节能、快速交付的特点，采用前后封闭冷热通道系统，可大大提高冷量利用率及空调的制冷效率	易事特集团股份有限公司
4	TriIns Water高效能冷却水循环处理系统	新建数据中心或在用数据中心改造	运用远低于10万赫兹的特定频率范围的交变脉冲电磁波，以纯物理的方式处理循环冷却水，解决结垢和腐蚀问题，抑制微生物的滋生繁殖，高效维护实际工况制冷能效，有效降低冷却系统水损	广东绿色算力科学研究院有限公司

序号	技术名称	适用范围	技术原理	技术提供方
5	数据中心 AI 能效优化	新建数据中心或在用数据中心改造	1. 自动化数据治理工具； 2. 基于 AI 的数据中心制冷系统模型； 3. DNN 深度神经网络的动态模型训练； 4. 基于遗传算法的实时推理方法	华为技术有限公司
6	智能锂电池 UPS	新建数据中心或在用数据中心改造	1. 基于模块化架构，超高效模块化 UPS 采用交错并联技术在常用负载率 40% 构建最高系统双变换效率 97%； 2. 采用智能休眠技术实现轻载双变换效率高达 95%； 3. 采用智能锁相关技术，实现 ECO 模式提升效率至 99%，同时与双变换模式的切换时间小于 2ms； 4. 采用智能自循环技术，实现产品无负载时自动带载循环，减少生产环节和现场调试环节测试负载的耗能； 5. 配套锂电池，运用智能 BMS 技术，实现全生命周期 UPS + 电池无需更换，相比于铅酸电池绿色环保，节省运维难度	华为技术有限公司
7	风墙冷却技术	新建数据中心或在用数据中心改造	风墙冷却技术是应用于数据中心的新型制冷技术，通过高效换热器、高性能风机，可支持高温冷冻水，实现在气象适宜的条件下启用自然冷却功能，显著降低冷冻水机组的运行功耗	华为技术有限公司

序号	技术名称	适用范围	技术原理	技术提供方
8	微模块数据中心技术	新建数据中心或在用数据中心改造	一体化集成：采用模块化设计，一体化集成方案，主要具备一体化集成，安全可靠，节省机房占地面积，节约能源，安装省时、省力、省心，架构兼容，部署快速灵活和监控完善等特点，是新一代智能微模块数据中心产品的显著特征； SmartLi inside：锂电入列，解决了传统铅酸电池寿命短、体积大、承重要求高等问题，节省70%的占地，为 IT 设备提供更多的白空间。三层 BMS 结构，从部件级到系统级全方位保证数据中心的备电系统安全，独创智能均压和主动均流技术，提高系统的可用性，实现备电系统匹配 IT 演进节奏灵活扩容； 人脸识别技术：华为率先将人脸识别技术应用到数据中心产品中，以超高的识别准确度，助力运维效率的提升，通过微模块管理系统的人脸识别系统，可实现权限分配和无感开门，显著提升运维效率和客户体验	华为技术有限公司
9	数据中心用 DLC 浸没式液冷技术	新建数据中心或在用数据中心改造	数据中心用 DLC 浸没式液冷技术由液冷机柜、液冷主机、冷却塔组成。服务器等电子信息设备放置于定制的液冷机柜中，机柜内注满绝缘的冷却液，直到所有服务器完全浸泡在冷却液里面。冷却液吸收了服务器的热量后，通过冷却液循环泵，把散热柜内的高温液体经过管路送至热交换器内，经过冷热交换，高温液体变成低温液体，再重新回流至散热柜，继续吸收服务器热量；同时，进入热交换器的水（普通自来水）经过热交换后温度升高，经过管路输送至室外冷却塔中，经过冷却塔往大气散热后，温度降低，再经过水泵（二次冷媒循环泵）送至热交换器，继续吸收热交换器的热量。至此，通过冷却液和水的两个冷热循环，把服务器产生的热量置换到室外大气中去	深圳绿色云图科技有限公司

序号	技术名称	适用范围	技术原理	技术提供方
10	喷淋式液冷技术	现有数据中心改造或新建数据中心	采用绝缘矿物油，该矿物油经过特殊抗氧化处理，使用寿命可达 10 年以上。特性是绝缘、导热、安全、可靠、对人和环境无害。喷淋式液冷取消了空调，只用风机将热量带走即可，最低 PUE 可达到 1.1 左右	广东合一新材料研究院有限公司

第三节　建筑行业节能潜力分析

至 2018 年，广东省 21 个地级市统计并上报至系统的民用建筑基本信息的建筑总面积为 19 455.05 万平方米。其中城镇居住建筑面积为 6321.49 万平方米；公共建筑面积为 13 133.56 万平方米。至 2018 年，广东省 21 个地级市共统计有效能耗数据的民用建筑数量共计 29 192 栋，总建筑面积 17 349.90 万平方米，总耗电量 142.74 亿千瓦时，全省民用建筑平均单位面积耗电量每年 82.27 千瓦时/平方米，其中城镇居住建筑平均单位面积每年耗电量 34.74 千瓦时/平方米，公共建筑平均单位面积每年耗电量 107.74 千瓦时/平方米。

一、既有建筑节能潜力分析

在达到能耗指标约束值的条件下，商业写字楼建筑的潜在节电总量最大，为 5.54 亿千瓦时，国家机关办公建筑次之，为 2.08 亿千瓦时，再次为宾馆饭店建筑，为 1.54 亿千瓦时，而商场建筑的潜在节电总量最小，为 1.43 亿千瓦时，总计 10.59 亿千瓦时。

在达到能耗指标引导值的条件下，写字楼建筑的潜在节电总量仍最大，为 8.69 亿千瓦时；国家机关办公建筑次之，为 3.26 亿千瓦时；再次为宾馆饭店建筑，为 3.34 亿千瓦时；商场建筑的潜在节电总量最小，为 3.10 亿千瓦时，总计 18.39 亿千瓦时。

二、广东省"十四五"建筑行业节能目标

1. 新建建筑节能目标

城镇新建建筑能效水平比 2020 年提升 20%，珠三角地区建筑节能标准达到或接近世界同类气候地区的领先水平。

2. 绿色建筑发展目标

广东省城镇新建民用建筑在全面执行一星级及以上绿色建筑标准的基础上，大幅提升二星级及以上绿色建筑和运行阶段绿色建筑比例，新建政府投资公益性建筑及大型公共建筑执行二星级及以上绿色建筑标准，"十四五"期间，广东省新增绿色建筑 3 亿平方米。

3. 装配式建筑发展目标

保障性住房和政府投资的民用建筑全部采用装配式建造，大力发展钢结构建筑，不断提高商品房装配式建造比例。到 2025 年，全省重点推进地区装配式建筑面积占新建建筑面积 35% 以上，积极推进地区装配式建筑面积占新建建筑面积 30% 以上，鼓励推进地区装配式建筑面积占新建建筑面积 20% 以上。

4. 既有建筑节能改造目标

"十四五"期间，加大既有公共建筑节能改造力度，全面推行建筑能耗统计、能源审计和能耗监测平台建设，全省完成既有建筑节能改造面积 3500 万平方米。

5. 绿色建材发展目标

全省新建建筑项目（列入历史文化保护的古建筑修缮等特殊工程除外）禁止使用实心粘土砖和粘土制品，新型墙材在新建建筑中的应用比例达 100%。绿色建材在新建建筑中的应用比例达到 70%，在试点示范工程中的应用比例达到 100%。

6. 可再生能源应用发展目标

"十四五"期间，全省新增太阳能光热建筑应用面积 8000 万平方米，新增太阳能光电建筑应用装机容量 1000 兆瓦。

第四节　交通行业节能潜力分析

未来，广东省交通领域节能主要从以下四个方面展开：

一、交通需求管理

广东省交通行业将加快构建现代产业体系，持续优化产业结构，按照能源高效利用的原则优化国土空间开发布局、区域流域产业布局和城市规划，优化物流和客流运转需求。合理控制机动车保有量，制定差别化的停车政策。发展电子政务和商务，减少出行需求。优先发展公共交通，鼓励步行和自行车系统。

二、推动货物运输结构调整

提高铁路、水路和管道运输的货运分担率，降低航空和公路运输的货运分担率。推动货物运输由公路向铁路转移。推动铁路专用线建设，以具备铁路接入条件的物流设施、工矿企业和铁路货场为主要区域，建设城市货运铁路网。推进年货运量150万吨以上的大型工矿企业和新建物流园区铁路专用线接入比例达到80%以上。

三、发展集约化配送模式

推动"互动网＋"背景下的行业创新型模式，促进货物需求整合和运力优化配置，推动甩挂运输，提升城市配送运输效率。依托铁路物流基地、公路港、沿海和内河港口等，推进多式联运型和干支衔接型货运枢纽（物流园区）建设，加快推广集装箱多式联运。

四、车辆节能及燃料替代

推广使用电、氢燃料等新能源交通工具。珠三角地区建成区公交车将全部更换为新能源汽车。推进轻量化技术、怠速启停、先进变速器等先进节能技术在车辆上的应用。

2019 年，广东省交通运输、仓储及邮政业（简称"交通运输业"）增加值为 3466.42 亿元，占 GDP 的比重为 3.22%，能源消费量为 3814.82 万吨标准煤，占全社会用能量的 11.2%。初步预测"十四五"期间，广东交通运输业增加值继续保持 5%～8% 的增长，用能年均增长保持 5%～6%，单位增加值能耗下降 10%～13%。

第五节　重点企业节能潜力

一、韶关钢铁

1. 发展战略

（1）坚持加快改革创新力度不动摇。

持续深化体制机制改革。韶关钢铁按照"智慧制造、数字韶钢"信息系统项目建设目标，以信息化为支撑，以管理标准化、制造流程化、组织扁平化为基本原则，全面实施"厂管作业区"运行模式，推进专业职能设置优化，进一步提升公司组织运行和管理效率。同时积极推进商业模式探索，将传统的制造性企业变成产园、产城、产融合作的典范。积极推进公司治理体系改革，优化整合管理层级，完善职能配置，创新管控模式，推进股权激励，提升公司整体竞争力。以商业计划管理报告为抓手，持续推进"治僵脱困"及子公司经营创收工作。持续推进华欣环保、嘉羊公司专业化整合融合工作。

智慧制造推进创新驱动。韶关钢铁将继续推进完善铁区与能介智慧中心项目的整体功能实现，集中精力策划和推动物流、炼铁、炼钢、轧钢的系统性智慧制造项目，进一步提升韶关钢铁智慧化水平，实现效率提升。坚持创新驱动发展，拓展智慧制造思路，计划到 2022 年实现人均产钢2000 吨，吨钢效益同比优化，成为集团内智慧制造优秀企业的目标。

实施跨区域发展。坚定不移贯彻落实集团战略部署，加快推进网络钢厂建设和对外支撑工作。韶关钢铁快速成立筹建组，并将机构职能落实到位，选优配好团队，运用智慧制造、互联网、物联网、人工智能等新一代技术，按照中国宝武第一次党代会提出的"高于标准、优于城区、融入城市"的要求，构建网络钢厂精简高效的组织运行体系，创新约束及激励机制，打造"极致标准化、极致低成本、极致高效率、极致低排放"的核心竞争优势，为打造"亿吨宝武"做出贡献。

（2）坚持加快转型升级步伐不动摇。

近年来，韶关钢铁花了大量心血和精力培育优特钢的产品竞争力，目的是构建普优特并存的产品体系，从战略上提升抵御市场风险的能力。以后韶关钢铁还将加快优特钢产品结构调整提升的速度，进一步调结构，真正获得市场各方的优良口碑，加快进入优特钢企业第一梯队行列。要加快产业链培育和建设，加强和地方政府、华南先进装备园的联动，呼应"协同共建钢铁生态圈"的管理主题。韶关钢铁坚定不移开展技术改造、攻关工作，在产线能力提升上下大功夫，挖掘装备潜力，实现扩大市场占有率和品牌影响力。

（3）坚持基层基础管理能力提升不动摇。

韶关钢铁加大了基层基础管理工作的推进力度，设立全员"改善"日，充分调动广大员工参与的积极性和主动性，准备用一年半的时间，聚焦"6S促行为养成、三岗促标准化作业、专项整治促环境改善"三个维度，用78个全员"改善"日，持续抓好基层基础管理工作，促进各项工作不断提升。

2. 节能布局

韶关钢铁通过各项工程、管理和技术手段，不断加强环保过程管理，确保污染物排放全面合规、受控，主要环保指标实绩持续改善。

韶关钢铁坚持循环利用"3R"（减量化、再利用、再循环）原则，减少生产过程中的废弃物产量，最大化实现废弃物的就地循环再利用。依据"固废不出厂"的行动方案，围绕《工业固体废物管理办法》《建筑废弃物出厂处置管理办法》《危险废物管理办法》等制度，韶关钢铁各个主要基地分别制定《固体废物管理办法》或《2020年"固废不出厂"行动方案》。公司将固废管理作为生产过程纳入到主体生产组织管理，以项目化管理模式全面推进固废减量化、资源化、无害化，使生产组织和固废管理高度融合，有力地促进了源头减量、返生产利用工作。

韶关钢铁发布《危险废物管理办法》。针对固体废物中返生产利用或处置的危险废弃物，韶关钢铁设有专门的运输部负责基地内运输，其他危险废物则交由有资质的第三方负责运输和处置。同时为破解固废产品化后市场认可程度低的困境，韶关钢铁推进外部利用固废产品化工作，加快所有出厂类二次资源全部产品化认证进程，变废为宝，推进资源全面节约和循环利用。截至 2020 年 12 月 31 日，公司完成高炉水渣、钢铁尾渣、粉煤灰、脱硫石膏、氧化铁皮铁红、含铁尘泥、废耐材、煤矸石等大宗固体废物产品化认证工作。公司固废产品化率从 2016 年的 78% 稳步提升，至 2020 年已基本实现 100% 产品标准全覆盖。除此以外，韶关钢铁还凭借先进的技术和产品质量管控，编制固体废物再循环利用标准，协助监管部门规范市场环境，推动绿色经济的发展。报告期内，公司起草的《水泥铁质校正原料用钢渣》通过团体标准，填补了国内这一产品标准的空白。

除了上述减少废弃物排放的方法外，韶关钢铁密切追踪和积极应用钢铁行业低碳工艺的前沿技术，坚持钢铁生产全流程技术节能、内部能源结构优化、外购低碳能源比例提升的持续改善路径，正在实施城市生活垃圾发电、煤气化工产品化和光伏发电自愿减排项目，研发氢冶金（DRI）、高炉天然气喷吹、富氢碳循环试验高炉、微波烧结等一系列先进低碳冶金技术。同时，公司开始探索碳捕捉、利用与封存技术（CCUS）与碳汇技术，包括碳捕捉与储存（CCS）、二氧化碳冶金流程再利用、二氧化碳化工资源利用、冶金流程协同碳汇等，形成钢铁行业碳中和概念模型，为联合国气候框架公约提供中国解决方案。

二、东莞玖龙

1. 发展战略

玖龙纸业计划于 2023 年底之前在中国和马来西亚新增浆纸产能合计 1107 万吨/年，届时其浆纸总产能将达 2949 万吨/年。根据玖龙纸业 2 月 22 日最新发布的业绩报告，此次披露的产能扩张计划包括 312 万吨/年木浆、60 万吨/年再生浆、110 万吨/年木纤维，以及 625 万吨/年造纸产能。大部分新产能位于国内，在 2022 年第二季度至 2023 年第四季度陆续投产；

玖龙纸业在马来西亚则将建设 60 万吨/年再生浆、60 万吨/年牛卡纸以及 30 万吨/年瓦楞纸产能，预计都将于 2023 年第二季度投产。

2. 节能布局

东莞玖龙集团坚持绿色发展，节能减排，严格按照《中华人民共和国大气污染防治法》《火电厂大气污染物排放标准》《中华人民共和国水污染防治法》《制浆造纸工业水污染物排放标准》《中华人民共和国固体废物污染环境防治法》等规例监管排放物。东莞玖龙集团更备有完善的排放物监控管理系统，包括 24 小时在线监测，并委托具备中国计量认证 CMA 资格的第三方机构，定期收集数据进行统计分析。

（1）国际领先的废气治理设施和封闭式圆形煤仓。

东莞玖龙集团各生产基地均自备热电锅炉为生产线提供蒸汽和电力，目前主要以煤炭作为能源。锅炉采用循环流化床炉型，可以从源头减少氮氧化物产生。尾气处理工艺方面，东莞玖龙集团采用世界先进的高效氧化镁湿法脱硫，脱硫效率达到 95% 以上，脱硝效率达 85% 以上，除尘效率达到 99.95% 以上，降低烟气中污染物的产生和排放，保证烟气各项因子优于国家标准排放。

自 2016 年起，东莞玖龙集团逐步升级增设超洁净设施，例如锅炉积极上新最先进的湿式电除尘工艺，以进一步降低烟尘排放量。目前，东莞玖龙集团达到国家超低排放标准（烟尘小于 10 毫克／立方米），有效改善环境质量。东莞玖龙集团在同行业中率先建成全自动、封闭式圆形煤仓，避免了煤炭在装卸、储运过程中的扬尘污染问题，更好地保护周边环境及进一步改善员工的工作和生活环境。

（2）先进的污水处理设备。

东莞玖龙集团采用国际领先的造纸生产工艺，从源头控制废水。各条生产线均配套了先进的白水回收循环系统，可有效减少大量的废水产生和排放。在废水的末端治理上，东莞玖龙集团采用"物理＋IC 厌氧＋好氧＋芬顿深度处理四级水处理"工艺，处理后的废水做到优于行业标准《制浆造纸工业水污染物排放标准》（GB3544—2008）以及各生产基地所在地的排放标准。污水在厌氧生物处理过程中产生大量的沼气经过生物脱硫后，作为清洁能源送往锅炉用于供热发电。

（3）固体废物处理。

东莞玖龙集团产生的有害及无害废弃物符合《中华人民共和国固体废物污染环境防治法》。针对有害废弃物，玖龙集团严格按照国家有关危险废物的管理要求进行规范化管理，按照《危险废物名录》对厂区危险废物进行识别，厂区设置规范化的危险废物仓库进行储存，并委托具有危险废物经营许可证的单位进行无害化处理。玖龙集团于2003年起，率先自设环保型工业垃圾焚烧炉及污泥干化设备，对固体废物进行有效管理。焚化炉采用了先进的废气处理设备，布袋除尘装置及半干法脱硫设施，并已装设排放监控装置，以确保实时在线监控废气排放量。为了提高固体废物综合利用率，造纸产生的浆渣全部回用到造纸车间进行循环利用，造纸产生的废渣经挑选后全部焚烧，可为生产提供蒸汽和电力。经过研发和不断推广应用造纸污泥干化焚烧综合利用技术，成功将污水处理产生的污泥经箱式隔膜压滤处理干化后焚烧，污泥含水率低于40%。这不仅减少了二次污染，还使全部干化污泥成为再生燃料，节省大量燃煤，实现了污泥的资源化和零排放。对于其他固体废物诸如电厂粉煤灰、锅炉渣的处理，玖龙集团出售于有资质单位用作建材。

三、中国华能集团

1. 发展战略

中国华能集团有限公司坚持以习近平新时代中国特色社会主义思想为指导，全面贯彻党的十九大精神，坚持新发展理念，坚持以供给侧结构性改革为主线，坚持把高质量发展要求作为根本原则，深入贯彻"四个革命、一个合作"能源安全新战略，把推进清洁低碳转型作为主攻方向，把科技创新作为核心动力，把人才作为第一资源，更加注重发展质量和效益，更加注重综合能源发展，更加注重技术创新和改革创新，加快创建具有全球竞争力的世界一流企业。

进入新时代，中国华能集团有限公司在继续坚持业已成熟、深入人心的"三色公司"企业使命的基础上，赋予新的时代内涵：服务国家战略，保障能源安全，成为为中国特色社会主义服务的"红色"公司；践行能源革命，助力生态文明，为满足人民美好生活需要提供清洁能源电力的"绿色"公司；参与全球能源治理，服务"一带一路"建设，为构建人类命运共同体作出积极贡献的"蓝色"公司。坚持"电为核心、多能协同、创新引领、金融支持、全球布局"的战略定位，坚持"集团化、集约化、信息化、标准化、法治化"的战略方针，加快建设"三色三强三优"世界一流能源企业。

战略路径方面，中国华能集团有限公司坚持深化提升科技创新：坚定不移推进科技创新，提升自主创新能力；坚定不移推进平台建设，打造智慧华能内核；坚定不移推进数字化发展，推动产业转型升级。坚持深化提升绿色发展：坚定不移推进绿色转型，做优电力主业；坚定不移推进综合能源服务，促进产业链有效延伸。坚持深化提升卓越运营：坚定不移推进提质增效，保持经营效益领先；坚定不移推进协同发展，实现协同效益领先。坚持深化提升国际化经营发展，实现国际化经营水平领先。坚持深化提升安全发展：坚定不移推进安全发展，提升本质安全水平；坚定不移推进生态环保，打赢污染防治攻坚战；坚定不移强化风险意识，深化全面风险管理。坚持深化提升党建质量，引领高质量发展。

2. 节能布局

（1）强化环境管理。公司始终坚持问题导向，着力解决当前节能工作中的难点和重点问题，全力推动生态文明建设和节能工作，扎实开展节能工作风险排查，进一步提升工作措施精准度，节能工作成效不断显现，节能指标继续保持行业领先。公司完善标准体系建设，编制《分散式风力发电机组》国家标准以及《风力发电机组电气系统电磁兼容技术规范》等9项行业技术标准，制定6项企业技术标准，提升行业影响力和话语权。公司不断加强节能预警及应急机制建设工作，节能风险排查治理扎实有效，严格落实《重大突发事件综合应急预案》，系统各单位定期开展日常演练，确保将突发节能事件可能带来的风险降至最低。以糯扎渡水电站为例，糯扎渡水电站节能测点较多，工作主要以人工监测为主，存在时间间隔长、耗时多、数据采集不及时、数据连续性差等问题。为改善现状，水电站运用传感器技术、物联网技术等搭载节能监测仪器，建立节能量监测系统，实现生产区域噪声、空气、粉尘等节能监测数据的自动采集与分析，极大地提高工作效率，为进一步巩固电站绿色发展，创建国际一流水电站夯实基础。

（2）调整能源结构。"十三五"期间，公司新能源开发能力稳步上升，累计建成投产新能源装机 1550 万千瓦，约是"十二五"期间的 1.4 倍，新能源在电力产业中的利润贡献由 10% 提升至 50%。公司"两线""两化"战略布局加快落地，新能源发展创历史最好水平。2020 年，公司新能源项目核准突破 1300 万千瓦、开工突破 1000 万千瓦、新增容量突破 1000 万千瓦，项目核准、开工、新增容量突破"三个 1000 万"，超额完成年度任务，全年新增容量是"十三五"前 4 年的总和。公司不断加强新能源项目全过程管理，全年完成新能源项目投资决策 147 项，共计 1453 万千瓦，其中核准 563.51 万千瓦、立项 747.34 万千瓦、终止前期项目 86.1 万千瓦，形成"储备一批、开发一批"的良性滚动发展态势，为新能源可持续发展打下坚实基础。

"十三五"期间，公司牵头开发西南大型水电基地的局面已逐步形成，水电产业再上新台阶。公司建成澜沧江苗尾、大华桥、黄登、里底、乌弄龙、桑河二级、雅江中游加查、托什干河亚曼苏 8 座水电站，投产水电装机容量 700 万千瓦，水电板块累计贡献利润 235.4 亿元，盈利能力不断增强。2020 年，公司水电项目 60.4 万千瓦投产，前期和基建工作稳步推进。澜沧江上游水电基地流域综合规划获国家发改委和水利部联合批复，积极推动藏东南水电送粤港澳大湾区四方协议达成一致；成立华能雅江下游开发领导小组及其办公室，雅江下游水电基地正式纳入国家"十四五"规划建议。

（3）节约能源消耗。2020 年，公司供电煤耗完成 295.34 克/千瓦时，同比降低 2.21 克/千瓦时，厂用电率完成 3.73%，同比下降 0.05 个百分点。公司 1000 兆瓦超超临界、600 兆瓦超超临界、600 兆瓦超临界湿冷、600 兆瓦超临界空冷等 7 个主力机型供电煤耗行业领先，同时公司积极开展循环经济建设，提升工业"三废"、余热余能的利用率，打造环境与经济和谐发展的新模式。

2020 年，公司形成两条具有自主知识产权的污泥垃圾耦合发电技术路线，在苏州热电、杨柳青热电、珞璜电厂等示范应用。其中秦皇岛秦热承担 CFB 锅炉机组耦合焚烧高水分城市污泥发电工程的建设，是国内外首次在 300 兆瓦级大型 CFB 锅炉不经干燥预处理直燃耦合 80% 水分湿污泥发电项目，日处理湿污泥 800 吨，彻底解决秦皇岛滨海旅游城市污泥无害化、减量化、资源化处置的难题。苏州热电完成循环流化床锅炉燃煤耦合城市污泥直接入炉掺烧技术工程示范应用，日处理 60% 湿污泥 100 吨，处理运行成本低于 80 元/吨，有效解决城市污泥处置问题，为周边民众提供清洁、稳定的绿色电力。杨柳青热电三期机组完成燃煤耦合污泥发电工程，是国内外首次在 300 兆瓦级大型煤粉锅炉应用前置干燥炭化处理技术直燃耦合 80% 水分湿污泥发电项目，新建两套处理能力为 250 吨/天的一体化处理机系统，日处理 80% 湿污泥 500 吨。珞璜电厂建成燃煤耦合污泥发电项目一期工程，每年可处置的污泥占重庆市污泥生成总量的近 1/3，同时可增加生物质电量 4900 万千瓦时，环境和经济效益显著。

（4）开展清洁生产。公司强力推进源头管控，编制《废水排放控制指导意见》，并以此为依据，开展百余座电厂的废水改造可研工作。公司整体平均污染物排放浓度稳定保持超低排放水平，截至 2020 年底，公司超低排放机组容量占比达到 97%，完成"十三五"国家超低排放改造任务的 113%。火电机组二氧化硫、氮氧化物、烟尘三项污染物排放绩效分别为 0.072 克/千瓦时、0.139 克/千瓦时、0.010 克/千瓦时，较"十二五"末期分别降低 73%、52%、84%，为国家建立世界上最清洁的煤电能源体系作出贡献。公司燃煤机组超低排放改造案例成功入选达沃斯世界经济论坛《2010—2020 能源转型创新白皮书》，是白皮书中唯一一项关于煤炭清洁高效利用的技术。

浙江长兴分公司开展"660 兆瓦超超临界燃煤机组启动期间 NO_x 零排放"技术研究，通过烟气挡板动态调节、提高给水温度、分阶段控制总风量等措施，在设备系统未做变动、机组运行方式未进行大调整的前提下，将并网前烟气温度由 280℃ 左右提升至 320℃，实现机组启动期间污染物零超排的目标。该项成果可操作性强、减排意义突出、经济效益可观，荣获全国电力行业设备管理创新成果一等奖。瑞金电厂二期 2×1000 兆瓦机组开展烟气脱硫及废水一体化协同治理项目，采用电厂循环水、排污水和化学废水作为脱硫系统工艺补水，通过水的梯级利用减少新鲜水消耗约

220 吨/小时，产生的脱硫废水先通过低温烟气废热进行蒸发浓缩，再通过高温烟气余热进行彻底干燥，废水干燥产物进入粉煤灰中综合利用，实现脱硫废水零排放，二氧化硫排放浓度≤20 毫克/立方米、烟尘排放浓度≤5 毫克/立方米，优于超低排放要求。玉环电厂以解决台州、温州等城市群固废处置为目标，积极推动"城市热值矿产"资源有效利用，与当地企业共同开展"市政污泥、城市固废"等集约化与资源化收储方案的探索实践，开发网上餐厨垃圾、厨余垃圾收储平台。后续，一般工业固废等也将进入平台，确保多种类固废平台填报、收集、处置、处理，全产业链流程可追溯、可查找、可监控，真正实现"无废城市"。

第六节　重大耗能项目节能影响

"十四五"期间，广东省投产或达产的重大项目主要有：湛江中科炼化项目（606 万吨标准煤，2021 年初步投产）、湛江钢铁三高炉系统项目（282 万吨标准煤，2022 年正式投产）、湛江钢铁氢基竖炉系统项目（50 万吨标准煤，在建）、中委合资广东石化项目（922 万吨标准煤，在建）、埃克森美孚一期项目（660 万吨标准煤，在建）、巴斯夫一体化项目（550 万吨标准煤，已投产一部分装置，不包括空分等配套装置），上述项目"十四五"期间新增能耗量高达 3070 万吨标准煤。经初步统计，广东省"十四五"期间新增能耗量较大的项目（10 万吨标准煤以上）共有超过 70 个，新增能耗需求接近 6000 万吨标准煤，对广东省能耗"双控"工作产生巨大影响，同时也对广东的产业结构优化调整工作带来一定压力。

根据节能审查等相关统计数据（表 4 - 8），这部分新增能耗中，石化行业约 3043 万吨标准煤，占重大项目新增能耗总量的 52.2%；钢铁行业约 1492 万吨标准煤，占重大项目新增能耗总量的 25.6%。为了分析重大项目对工业内部产业结构的影响，报告利用现有单位增加值能耗数据预测重大项目的工业增加值。2020 年石化行业单位工业增加值能耗为 1.58 吨标准煤/万元（2010 年价，下同），钢铁行业为 5.21 吨标准煤/万元，数据中心为 1.88 吨标准煤/万元（据东莞市 2019 年数据中心的统计数据）。假设"十四五"重大耗能项目的能效指标保持在 2020 年的水平，则石化行业的增加值预计为1921亿元，钢铁行业预计为286亿元，数据中心预计为416亿元，属于八大行业的增加值约为2255亿元，比2020年增加37%。目前广东省落后产能淘汰主要工作基本完成，虽然近年来八大行业增加值保持下降的趋势，但是由于社会经济发展的需要，八大行业的存量仍将保持一定规模，难以快速下降。考虑到"十四五"新增的重点耗能项目，预计八大行业增加值占全社会GDP的比重将会有小幅度的下降。

表4-8　"十四五"广东新增重大项目耗能情况①

行业类别	十四五新增能耗（万吨）	占新增能耗总量比重	2018年单位增加值能耗（吨标准煤/万元，2010年价）	对应增加值（亿元，2010年价）
石化	3043	52.2%	1.584	1921
钢铁	1492	25.6%	5.211	286
数据中心	785	13.5%	1.884	416
火电	63	1.1%	1.332	48
其他	449	7.7%	/	/
合计	5832	100.0%	/	2672

① 参考东莞市2019年数据中心的统计数据。

第五章 国内外先进节能经验和启示

目前国内的节能减排研究主要集中于宏观层面或者某个行业、某项技术的微观层面，而在国际层面尚缺乏对节能减排的系统分析。随着我国节能减排工作的不断推进，在这方面也取得了一定的突破。

笔者在开展国内外节能减排调查研究的基础上，从钢铁、造纸与陶瓷三个行业进行国际层面的横向比较，明确我国目前节能减排各行业的真实情况，分析我国节能减排的技术水平以及节能减排管理措施的不足。本章首先介绍国内外重点行业的先进节能经验，并结合我国的具体情况进行反思，在上述分析的基础上，总结国外先进经验，参照我国节能减排的现状，提出节能减排相关政策建议，为更好地推进我国节能减排工作提供决策依据。

第一节 国外先进节能经验

一、钢铁行业节能经验

国际上长流程钢铁企业主要有俄罗斯的谢韦尔钢铁公司、韩国的浦项钢铁公司、日本的 JFE 钢铁株式会社、印度的塔塔钢铁公司。这些国家的长流程钢铁企业较老。

1. JFE 集团

JFE 集团是日本第二大钢铁集团、世界大型钢铁企业集团之一。在工艺技术研发方面，JFE 钢铁公司重点研发了以上游工序为核心的革新型工艺技术，降低生产成本；坚持发展新一代技术如铁焦、TMCP 等；持续发展智能化钢铁企业（数字高炉，设备异常感知系统"J-dscom"，5G 应用）。在产品技术的发展上，JFE 钢铁将汽车、基础设施建设材料、能源等三大行业作为重点研究方向，并且加快了新的产品和解决方案的应用。比如，超高强度钢板的研发，海外基地的生产技术（GIJAZ），新的外观和功能的建材，具有优良的抗震和建筑性能的钢铁建材，采用革新型 TMCP 技术的高功能厚板（EXPALTM），以及具有优异磁性的高功能电工钢板。

面向汽车市场时，JFE 集团采取的战略如下：

（1）材料和"利用技术"相结合，推进高端材料的销售。JFE 钢铁公司从原材料制造商的视角出发，大力研究开发"利用技术"，针对不同的用户需要，开发出最合适的产品。例如，为满足汽车轻量化需求和客户要求，开发出各种系列的高强钢板，独自研发了能够利用高强度材料制造汽车零件的技术，涉及设计、成型、焊接等方面。

（2）向市场提供最先进的电工钢板。JFE 公司研制出一种新型的超薄型电工钢板，对电机的性能有较大的改善，该系列产品具有较好的高磁通密度以及较好的铁损性，实现了商品化。

在应对气候变化方面，JFE 集团提出"在 2030 年将二氧化碳排放量减少 20% 或更多，并在 2050 年之后实现碳中和"的中长期愿景。JFE 钢铁公司在不断发展节能技术的同时，也在不断地努力提高炼铁的生产效率和脱碳能力，掌握了世界上最先进的炼铁技术，并促进钢铁冶炼工艺（COURSE50、铁焦）的革新，致力于通过氢还原和 CCS（碳捕获和储存）减少二氧化碳排放。JFE 钢铁西日本工厂（福山地区）在 2020 财政年度投入生产 300 吨的中等规模生产装置，开始进行实际使用测试。

2. 韩国浦项钢铁公司

韩国浦项钢铁公司（以下简称浦项）是目前韩国最大的钢铁公司。自 2010 年起，连续 8 年名列世界钢铁动态协会公布的世界一流钢铁企业竞争力排行榜，并连续 13 年位列道琼斯工业可持续发展指标排行榜榜首。技术创新是浦项保持竞争优势的重要支撑。近年来，浦项的技术实力日益增强，不少技术已在世界领先，其研发重点已转移到对用户场景的理解、用户体验的提高上，科技创新的方式也由技术研发升级为系统解决方案。

举例来说，浦项公司正在推行的 POIST 解决方案，包括 FINEX 炼铁工艺、PS-BOP 炼钢工艺和 CEM 紧凑式无头轧制工艺，三大工艺几乎涵盖了钢铁生产的全流程。每一道工序都是当今世界上最先进的技术，三个主要工序结合起来，可以让使用者最大化其市场竞争力。另外，浦项的 FINEX、CEM 技术也能形成独立的解决方案，目前已与印度、德国的公司达成了业务合作。浦项公司的产品从"点型"研发到"链式"开发，在技术上得到了极大的提升。

浦项是亚洲第一个提出在 2050 年实现碳中和的高炉流程公司。采取超前的措施，以实现碳排放，形成未来的竞争优势。以下是主要举措：

（1）制定低碳策略。制定减少二氧化碳排放的指标，到 2030 年，减少 20% 的二氧化碳排放量；到 2040 年，二氧化碳排放量减少 50%；到 2050 年，将达到碳中和。着重于绿色制造，绿色产品和绿色合作。

（2）开发氢能源产业。制定了氢能发展战略，力求在 2040 年实现绿色氢气生产达到 200 万吨，并从制造、销售、集团投资三方面提出了相应对策。

（3）浦项对碳中和研究的实践总结为：在碳中和战略的引导下，建立绿色制造、绿色产品、绿色伙伴关系的绿色发展系统。

二、造纸行业节能经验

国际上加拿大、美国、日本在造纸行业均进行了大幅度的节能改造。

1. 加拿大

加拿大政府出台"制浆造纸绿色转型计划"（Pulp and Paper Green Transformation Program，PPGTP）对 24 家制浆造纸企业的 98 个工程项目给予资金支持，创造了 1.4 万个工作岗位，改善了空气质量，降低了化石燃料消耗，减少了温室气体排放。整个林产品产业供应链也于 2015 年实现碳中和水平，且无需购买碳补偿。此外，加拿大公司通过改良设备并研发应用先进技术，大幅度提高了企业的环境绩效。制浆造纸企业也通过设备升级和创新将行业温室气体排放减少了近 60%，其中，生物质能等可再生能源在制浆造纸整个产业能源结构中占有绝对比例，并力求达到 100%。（生物质主要包括树皮、废木柴、锯末、废纸等材料）

2. 美国

过去 20 年，美国在造纸工业节能减排等方面使用现有平均技术（Current Average Techniques，CAT），最佳经济可行技术（Best-economical Available Techniques，BAT），现有最佳示范技术（Best Available Demonstration Techniques，BADT），实际最低耗技术（Practical Minimum Techniques，PMT），理论最低值技术（Theoretical Minimum Techniques，TMT）进行考核评价，其造纸行业产品综合能耗降低了 20%，自产能源在总能耗中的比例也显著提升，达到近 60%。此外，20 世纪末以来，大范围采用了比双流线回收法更为简化的单流线废品回收法，将所有废品（包括来自制浆造纸）收集起来并由专门人员或设备进行分类回收。该做法已在美国 20 多个州的 100 多座城市普及，大大减少了资源能源的浪费。

3. 日本

日本的制浆造纸企业采取了多项措施，开展技术节能工作。这些措施包括将废材料作为新燃料加以利用、增设高温高压回收炉提高发电量，普及高效水利碎浆机等；企业不断进行设备更新，提高电气系统的效率，间接推动温室气体减排。日本的环境标签研究会还制定了纸及纸产品的碳足迹计算标准，并将在近期实施，以促进低能耗纸制品的生产比例，降低能量负荷，间接减少温室气体排放。

三、陶瓷行业节能经验

欧美企业把余热利用作为陶瓷工业节能的主要环节，且对烟气带走的热量和冷却带冷却物料消耗的热量利用得较好，它们主要将余热用于干燥和加热燃烧空气。据统计，利用冷却带 220℃～250℃的热空气供助燃，可降低热耗 6%～8%。很多国家，特别是世界陶瓷主要出口国——英国、日本和德国等，对余热利用均采取了有效措施，如英国有 80% 以上的陶瓷企业安装了高效余热回收设备。欧美企业应用高效保温隔热材料如陶瓷纤维以及自动控制技术用于窑炉的自动控制，由于使用了陶瓷纤维材料，燃料消耗减少了 30%～40%，烧成时间缩短 40%～50%，其中美国使用的编制陶瓷纤维和轻质低蓄热车翻新改造技术，使燃料消耗减少了 25%～50%。

国外对于微处理器应用于窑炉气体分析和压力仪等方面的自动控制、显示出极大的优越性：一方面，微处理系统采用多频道的程序设计器和控制器，为温度控制器的变化记录指示；另一方面，微处理器能使烧成周期尽可能地缩短，准确地保持加热速度，每小时的误差小于 0.1%。

第二节　国内先进节能经验

一、钢铁行业节能经验

过去十几年里，中国钢铁工业在保证产量快速增长的同时，在节能降耗方面也取得了显著的成果。根据国际钢铁工业协会和国际能源署（IEA）的统计数据，2018 年中国钢铁产量为 2000 年的 7.2 倍，但总能耗仅为 2000 年的 3.8 倍；2006—2018 年，中国重点钢铁企业吨钢综合能耗下降 14.0%，吨钢可比能耗降幅达 21.0%，各工序能耗指标也均显著下降。

2019 年，宝钢湛江钢铁有限公司（以下简称"湛江钢铁"）入选钢铁行业能效"领跑者"。烧结工序单位产品工序能耗 43.93 千克标准煤/吨，优于标准先进值 2.4%。湛江钢铁将绿色发展贯穿于整个设计、生产过程中，采用国际上先进的生产工艺技术，全面推进自主集成和自主创新，共采用成熟可靠的节能环保技术 116 项，节能效果明显，重要技术经济指标位于世界先进行列。湛江钢铁积极应用节能技术，生产运行中，充分回收利用了各种二次能源，如焦炉煤气、高炉煤气、转炉煤气，并利用富余的高炉煤气送自备电厂发电；封闭式原料场机械化筛分混匀设施；高温高压干熄焦技术；烧结环冷机废气余热发电技术；高炉 TRT 发电技术；转炉烟气余热回收、加热炉汽化冷却回收余热等。湛江钢铁在国内首创钢铁和石化行业的循环经济模式，结合中科炼化项目，向中科炼化供应氧气、氮气，通过焦炉煤气制氢气和天然气向中科炼化供氢，探索钢铁和石化节能低碳合作，引领绿色发展。湛江钢铁将践行绿色发展理念，实施创新驱动发展战略，致力于成为现代化、生态化、高效益，具有国际竞争力的碳钢精品基地，努力打造"全球排放最少，资源利用效率最高，企业与社会资源循环共享"的绿色钢铁企业。

江苏沙钢集团有限公司（以下简称"沙钢"）总资产 1370 亿元，主导产品"沙钢"牌宽厚板、热卷板、冷轧板、超薄带、高速线材、大盘卷线材、带肋钢筋等，已形成 60 多个系列、700 多个品种、近 2000 个规格。2019 年，沙钢实现吨钢综合能耗 566 千克标准煤/吨，各项工序能耗指标在同行业中名列前茅，入选钢铁行业能效"领跑者"。转炉工序单位产品工序能耗 −30.80 千克标准煤/吨，优于标准先进值 2.7%。

沙钢历来重视节能减排工作，把绿色发展战略放在极其重要的位置，依靠科技进步，持续自主创新，加大节能投入，全面实施"节能减排低碳化"工程。积极推广应用节能新技术、新工艺、新设备，实施节能技术改造（目前国家节能技术推广目录中钢铁行业 95% 的技术在沙钢均有应用）。焦化实施了干熄焦余热回收、焦化污水深度处理，烧结实施了环冷机烟气余热回收、余热发电、蒸汽外供，高炉实施了 TRT 余压发电、脱湿鼓风，炼钢实施铁水一包到底、转炉实施了汽化冷却余热蒸汽回收、煤气高效回收，电炉实施烟气余热回收，轧钢实施了钢坯热装热送、加热炉实施自动优化燃烧、汽化冷却余热回收，利用生产富余煤气建设资源综合利用电厂。2019 年，沙钢建成投运全国首条超薄带工业化生产线，相对于传统生产线，单位燃耗减少 95%、水耗减少 80%、电耗减少 90%，节能减排效果十分显著。加大节能管理工作力度。2005 年，沙钢在钢铁行业中率先建成投运能源管理中心，实现用能全过程管理，完成监测、控制、优化、故障诊断等功能，实现对各能源介质数据的集中监控，进而完成能源的优化调度和使用管理。2009 年，沙钢顺利通过能源管理体系认证，成为首批获此殊荣的钢铁企业。

在节能减排工作中，工序能耗反映钢铁企业单一生产工序的能源消耗水平。由上述分析可知，过去十几年里，中国重点钢铁企业在降低工序能耗方面取得了显著的成绩。重点钢铁企业工序能耗变化原因主要为：

（1）生产装备进步。钢铁生产装备是影响生产能耗的主要因素之一，过去十几年里，中国重点钢铁企业在产量快速增长的同时也实现了生产装备水平的进步。以高炉为例，2005—2018 年，中国重点钢铁企业在高炉设备大型化方面取得了很好的成绩，中国重点钢铁企业高炉炼铁生产能力由 28 455 万吨上升到 66 305 万吨，增加的高炉炼铁产能全部来自 1000m³ 以上高炉（其中50%以上来自2000m³高炉）。

（2）生产技术水平进步。进入21世纪以来，在生产装备进步的同时，中国重点钢铁企业还加大力度发展节能技术。目前，重点钢铁企业焦化厂的干熄焦率在90%以上（2000年和2005年分别仅为12%和26%），而TRT（高炉煤气余压透平发电装置）技术普及率在2015年已达到99%。

二、造纸行业节能经验

国内造纸行业在节能技改方面主要为以下几个方向。

1. 网部真空系统改造，采用透平真空泵取代水环真空泵

现代的纸机都是利用真空帮助纸页脱水的，因此真空系统是一台纸机的重要组成部分。一台纸机上有多个真空度要求不同的真空元件需要连接到真空系统。如果选用水环真空泵组建真空系统，需要先将一些真空度相近点进行合并，再根据不同的真空度选用多台水环真空泵来组建真空系统。如果选用透平风机组建真空系统，则只需一台或两三台透平风机，就可以组建较大型纸机的真空系统。两者相比，采用透平风机的真空系统集成度较高，比较节省安装空间，且由于其结构特殊，能够产生强劲、稳定的真空作用，用于大型造纸机的真空设备，具有明显的节能效果；但其结构复杂、投资较大，操作及维护要求较高，导致前几年透平真空泵的普及率较低。目前，多级离心式透平机具有可同时产生多种真空度，抽吸量大，真空度大小可调节，适应性强，调节范围宽，高温气体可回收再利用，具有高效率、低能耗、稳定可靠的特点，使其得以在广东省造纸行业得以广泛应用。

目前国内许多企业采用透平风机取代水环真空泵，真空设备装机容量减少30%～40%，与此同时，单位产品真空系统电耗可降低20%左右。

2. 造纸压榨部靴压改造

随着广东省造纸业的迅猛发展，造纸机运行车速的高速提升，对其压榨部脱水提出了越来越高的要求。而造纸机的脱水关键部件是压榨部，其最佳压榨形式为靴式压榨。通常情况下，对于不同的纸种，纸幅离开压榨时的干度每提高1%，干燥部蒸汽的消耗量约降低5%。经测算，经过靴

式压榨的纸幅干度较常规压榨能提高3%，由此可见靴式压榨在很大程度上决定了造纸机的运行成本和经济效益。靴式压榨由于压区宽，脱水时间长，脱水能力强，可大幅提高出纸干度，节约干燥用蒸汽。靴式压榨还可提高纸页松厚度及纸板的挺度。靴式压榨允许压榨部使用较少的压区数量，甚至只用一个压区，特别适合高速纸机。靴式压榨取代传统的大辊压榨，可以提高纸页压榨的干度，降低后续干燥工段的能耗，提升了车速，提高了纸机的生产能力。广东省有个别大企业，采用两道靴压来取代传统压榨，提高压榨部脱水能力，提高了纸机的生产效率。针对靴式压结构复杂、运行成本高等缺点，造纸机械生产商进行了一些改造，目前主要有超薄靴板、软靴压、静压下的长时间宽压区靴压脱水等技术。

3. 纸机气罩热能回收利用

封闭式气罩作为气流组织与空气处理的关键设备，在纸机的运行中已处于举足轻重的地位。封闭式气罩的效率直接影响到纸机的正常运行。作为气罩的热媒，蒸汽加热后变为冷凝水可重复循环利用。如蒸汽气罩直接排放湿热气体，余热不能实现回收再利用，导致热能的浪费和能源成本的上升。而气罩排放的湿热气体中含有大量的纸屑、纸毛，传统的管式热回收装置容易出现堵塞。目前，新研发的板式换热器和系统模块化的设计，不但可解决气罩排放的湿热气体内含有的大量纸屑、纸毛、水分等问题，而且纸机干燥部通风系统排出的携带水蒸气的热空气余热可用来加热送风，既解决了纸毛堵塞的问题，又可以节省能源。由于新空气温度增加，降低了水蒸气的饱和度，从而增加了空气的"吸水潜力"，降低气罩部分新鲜蒸汽的使用量。

4. 造纸干燥部蒸汽冷凝水回收技术

热泵蒸汽冷凝水系统是优化纸机烘干部冷凝水排放和纸机烘干部尾气回用装置，通过对热泵系统的改造，回收系统排出的高温冷凝水，可最大限度地利用冷凝水的热量，提高纸机干燥部的效率，节约用水，达到节能降耗目的。冷凝水回收系统大致可分为开式回收系统和闭式回收系统两种。

（1）开式回收系统是把冷凝水回收到锅炉的给水罐中，在冷凝水的回收和利用过程中，回收管路的一端敞开向大气，即冷凝水的集水箱敞开于大气。当冷凝水的压力较低，靠自压不能到达再利用场所时，利用高温水泵对冷凝水进行压送。这种系统的优点是设备简单，操作方便，初始投资小；但是系统占地面积大，所得的经济效益差、对环境污染较大，且由于冷凝水直接与大气接触，冷凝水中的溶氧浓度提高，易产生设备腐蚀。这种系统适用于冷凝水量较小、二次蒸汽量较少的小型蒸汽供应系统。使用该系统时，应尽量减少二次蒸汽的排放量。

（2）闭式回收系统是冷凝水集水箱以及所有管路都处于恒定的正压下的封闭系统。系统中冷凝水所具有的能量大部分通过一定的回收设备直接回收到锅炉里，冷凝水的回收温度仅丧失在管网降温部分，由于封闭，水质有保证，减少了回收进锅炉的水处理费用。其优点是冷凝水回收的经济效益好，设备的工作寿命长，但是系统的初始投资相对大，操作不方便。

三、陶瓷行业节能经验

当前，国内陶瓷行业中的节能经验主要分为以下几个方面：其一为陶瓷原料制备过程中的节能经验，其二为陶瓷窑炉烧成中的节能经验，其三为烧成技术的创新，其四为采用先进的烟气余热回收利用技术，其五为燃烧器创新，其六为选用高效的保温材料和涂层技术。

1. 陶瓷原料制备过程中的节能经验

陶瓷原料制备过程为实现节能减排，通常对球磨制粉工艺、干法制粉工艺与原材料标准化技术进行创新。

（1）陶瓷制品的主要能耗在制粉（包括球磨和喷雾干燥）和烧成两个工序，两个工序的耗能接近。在制粉时，应该放弃使用噪音大、能耗高、污染严重的破碎系统如粗细颚式破碎机和旋磨机，可以采用效率更高的球磨机，不但能够大幅度提升产量，而且可减少耗电量。另外，球磨机橡胶衬的设计既减少了负荷，也增加了有效容积，不仅可以提高产量，而且节约了电能。球磨机在实际使用过程中，根据具体的生产条件使用不同的设计，可以提高其工作效率，如果使用了氧化铝球，在原来的基础上还可以省电。

（2）制粉和烧成两个工序的耗能存在实质性差异。制粉工序中水分蒸发耗能是为了去除无用的水，烧成工序的耗能是陶瓷制品形成产品特性的吸热反应必需。可以看出，如果不额外加水可以实现大量节能，干法制粉应运而生。

（3）陶瓷产业在不断发展的过程中逐渐形成了原材料标准化的趋势。首先，原材料标准化，可以保证生产质量，提高产品的稳定性；其次，原材料标准化便于进行集中处理，从而提高原料加工设备的利用率，减少企业特别是新建企业的开发和投资；最后，工厂不用存储大量的原料以供生产，工厂在任何需要的时候就可以买到标准的原料。

2. 陶瓷窑炉烧成中的节能经验

窑炉是陶瓷工业最关键的热工设备，也是耗能最大的设备，干燥及烧成中的能耗占陶瓷生产总能耗的60%～80%，窑炉设备能耗的水平，主要取决于窑炉的结构与烧成技术，其中窑炉的结构是根本，烧成技术是保证；只有使两者合理地搭配才能既保证窑炉烧成质量的提高，又减少能源消耗。窑炉型式主要有梳式窑或倒焰窟、隧道窑及辊道窑。

3. 烧成技术的创新

烧成技术的创新体现在四方面，其一为低温快烧技术，其二为一次烧成技术，其三为裸装明焰烧成技术，其四为采用洁净液体和气体燃料。

（1）低温快烧技术。在陶瓷生产中，烧成温度越低，能耗就越低。据热平衡计算，若烧成温度降低100℃，则单位产品热耗可降低10%以上，且烧成时间缩短10%，产量增加10%，热耗降低4%。因此，应用低温快烧技术，不但可以增加产量，节约能耗，而且还可以降低成本，实现低碳目标。

（2）一次烧成技术。采用一次烧成技术比一次半烧成（先900℃左右低温素烧，再高温釉烧）和两次烧成更节能，综合效果更佳。同时，可以解决制品的后期龟裂问题，延长制品的使用寿命，制品的合格率也大大提高。

（3）裸装明焰烧成技术。目前广东省陶瓷窑炉烧成方式主要有：钵装明焰、裸装隔焰和裸装明焰。其烧成方式各有特点。日用瓷、工艺美术瓷、卫生洁具等在隧道窑、辊道窑内的烧成均采用裸装明烧,相对于匣装烧可以大大减少烧成的能耗。

(4)采用洁净液体和气体燃料。采用洁净的液体、气体燃料,不仅是裸装明焰快速烧成的保证,而且可以提高陶瓷的烧成质量,大大节约能源,更重要的是可以减少对环境的污染。采用洁净气体作为燃料,节能降耗效果明显。

4. 余热回收利用技术

采用先进的烟气余热回收技术,降低陶瓷窑炉排烟热损失是实现工业窑炉节能的主要途径。当前国内外烟气余热利用主要用于干燥、烘干制品和生产的其他环节。采用换热器回收烟气余热来预热助燃空气和燃料,具有降低排烟热损失、节约燃料和提高燃料燃烧效率、改善炉内热工过程的双重效果。一般认为:空气预热温度每提高100℃,即可节约燃料5%。

5. 先进的燃烧器是关键

喷嘴使用时的温度控制容易出现偏差。高温火焰流因浮力而上升,形成窑内温度上高下低,使热电偶检测到的温度偏高,故造成热电偶所连接的仪表显示温度与窑内制品实际温度发生很大的偏差。采用新型高速喷嘴或脉冲烧成技术,可以使窑内温度变得均匀,减少了窑内上下温差,不但能缩短烧成周期,降低能耗,而且可以提高制品的烧成效果。

6. 高性能保温材料

窑体热损失主要分为蓄热损失与散热损失,对于间歇式窑炉来说两者均存在,但连续式窑炉仅存在散热损失。减少热损失的主要措施是加强窑体的有效保温,并且在保证窑墙外表温度尽可能低的情况下,选用最合理最经济的材料以取得最薄的窑墙结构。高性能保温材料或绝热材料在陶瓷窑炉上的应用,将使陶瓷窑炉的窑墙结构发生革命性的变化,不但可以减少窑墙的蓄散热,而且可以大大地减小窑壁的厚度,使窑壁的结构简单化。

第三节 对广东节能工作的启示

一、钢铁行业

目前，中国钢铁工业产量快速增长阶段基本结束，未来将以产业结构调整和升级为主要发展方向，中国要在保证足够钢材供给量的情况下，进一步降低生产能耗。从整体能源结构上看，目前中国钢铁工业生产能耗主要是对煤炭和电力的消耗，其他种类能源在能耗中的占比仅约5%，将中国与其他主要钢铁生产国能源结构进行比较分析，可以看出：

1. 中国钢铁生产能耗中煤炭比例偏高，天然气比例偏低

2018年，中国钢铁工业能耗中76%是煤炭，能耗中天然气比例（2%）远远低于日本（12%）以及世界平均水平（12%）。中国钢铁生产流程以高炉—转炉流程为主，其能源结构中煤炭占比在90%以上，且高炉—转炉流程生产过程中产生大量的副产——煤气，足够满足生产工序需求。未来几年，随着中国钢铁生产废钢比的提高，高炉—转炉流程生产工序及其副产煤气的产量均会出现明显下降，能耗中天然气等能源占比会逐渐上升，煤炭占比会逐步下降。

2. 电力消耗占比和自发电比例偏低

由于中国的电炉钢比例偏低，所以中国钢铁工业能耗中电力占比要低于一些发达国家。此外，钢铁企业二次能源（余热、余压和煤气等）目前最主要的利用方式仍是发电，日本的新日铁公司2018年自发电率达到88%（其中81%来自二次能源），而2018年中国钢铁工业自发电率仅占50%，与国际先进水平相比还存在一定差距。

3. 废弃物协同处置的发展趋势

日本钢铁工业从2000年开始提高钢铁生产中有机废弃物（废塑料、废轮胎等）的协同处置量，协同处置不仅能帮助缓解可燃固废带来的环境问题，还可为钢铁企业提供新的能源。2018年日本钢铁企业消耗了41万吨的有机废弃物，其中仅新日铁公司就协同处置有机废弃物25万吨，同

年其钢产量为 4100 万吨。目前，中国存在大量的有机固废，但中国钢铁工业协同处置有机固废技术的研究尚处于初级阶段，未来这方面的研究应引起重视。

广东钢铁行业的能效指标处于国内领先水平，在国际上则属于中等偏上水平。从数据上来看，广东的吨钢综合能耗较高。

国外长流程钢铁企业的产量占总量的 40%～50%，剩下的都是短流程电炉炼钢，国内长流程钢铁企业的产量占总量的 80% 左右。广东省 2019 年钢铁行业的产量为 3448 万吨，其中短流程只有 590 万吨，占比 17.11%。

国际的电炉炼钢基本 AI 化，能效非常先进，但是节能空间也不大。根据《2018 年全国重点大中型钢铁企业能源消耗指标统计报表》我们可以得知，广东省标杆炼钢企业有阳春新钢铁有限责任公司、宝钢湛江钢铁有限公司、珠海粤裕丰钢铁有限公司、和平县粤深钢实业有限公司等等，其各能耗指标居于国内领先，尤其是珠海粤钢的吨钢综合能耗，阳春新钢铁的高炉炼铁工序能耗、转炉工序能耗、小型轧钢工序能耗，湛江钢铁的转炉工序能耗，和平粤深钢的电炉工序能耗，排名均居国内前列。

二、造纸行业

通过对比分析可知，国内造纸行业多是通过对设备的升级改造来促进节能减排。国内造纸行业在节能技改方面主要表现在网部真空系统改造、造纸压榨部靴压改造、纸机气罩热能回收利用以及造纸干燥部蒸汽冷凝水回收技术四部分，而国外不仅仅聚焦于设备的技术创新，同时也聚焦于外部政策、能耗考核标准以及燃料利用等方面。比如加拿大政府出台的"制浆造纸绿色转型计划"对 24 家制浆造纸企业的 98 个工程项目给予了资金支持，创造了 1.4 万个工作岗位，改善了空气质量，降低了化石燃料消耗，减少了温室气体排放。美国在造纸工业节能减排等方面使用现有平均技术、最佳经济可行技术、现有最佳示范技术、实际最低耗技术、理论最低值技术进行考核评价，其造纸行业产品综合能耗降低了 20%，自产能源在总能耗中的比例也显著提升，达到近 60%。日本的制浆造纸企业通过利用废材料作为新燃料、增设高温高压回收炉提高发电量、普及高效水利碎浆机等措施，对制浆造纸工业开展技术节能工作。

在国内宏观经济形势日益复杂、环保压力与日俱增的大环境下，近年来我国也针对制浆造纸工业制定了水污染物排放标准、四项清洁生产标准，并出台多项节能环保政策，此外，我国正在抓紧编制温室气体排放清单数据库。根据《2018年度广东省造纸行业能效标杆指标》可知，广东省造纸行业在国内属于先进水平，省内标杆企业各种纸制品的生产能耗普遍低于全国能效标杆企业。

三、陶瓷行业

欧美等国在陶瓷工业节能方面，主要聚焦于余热利用技术以及应用高效保温隔热材料。对于余热利用技术，国外主要将余热用于干燥和加热燃烧空气，英国、日本和德国等国家对余热利用均采取了有效措施，英国有80%以上的陶瓷企业安装了高效余热回收设备。国外在高效保温隔热材料方面的应用也较为广泛，美国等国家将陶瓷纤维以及自动控制技术用于窑炉的自动控制，减少了燃料消耗，缩短了烧成时间。而国内在陶瓷工业节能方面，不仅包括余热利用技术以及应用高效保温隔热材料这两方面，还包括燃烧器创新以及烧成技术创新等。

第六章　推动广东节能降耗的措施建议

针对广东省节能减排工作中存在的问题，笔者在借鉴发达国家在节能减排工作中取得的经验基础上，根据我国现阶段社会经济技术发展水平以及广东省能源消费结构的特点，提出推动广东节能降耗的措施建议：坚持和完善能耗双控制度，持续实施节能降耗重点工程，修订六大高耗能行业统计范围，研究制定区域节能审查工作机制，加强全社会系统节能分析研究，制定实施相关行业能效标准，制定下达重点行业能耗双控指标，探索建议区域用能权交易机制，力争把资源节约和环境保护贯穿于生产、流通、消费、建设各领域各环节，提升可持续发展能力。

第一节　坚持和完善能耗双控制度

一、严格落实目标责任制

广东各地市要根据省里下达的目标任务，明确年度工作目标并分解落实至下一级人民政府、有关部门和重点用能单位。强化能耗双控考核结果应用，考核结果要作为领导班子和领导干部考核和离任审计的重要依据，对节能工作不力、能耗问题突出的地区和单位，及时通报约谈，并按国家要求依法依规予以问责。

二、完善能耗双控管理制度

广东省有关部门及各地市编制新增用能需求较大的产业规划、能源规划以及制定重大政策、布局重大项目时，应充分做好能耗双控目标任务的衔接，按照目标任务倒推项目用能空间。探索开展用能预算管理，优化能源要素配置，优先保障居民生活、高技术产业、先进制造业和现代服务业用能需求。强化能耗双控目标完成情况的监测预警，坚持形势分析制度和晴雨表制度，加强分析研判，及时协调解决突出问题。

三、严格落实节能审查制度

切实发挥节能审查制度的源头把控作用，强化新建项目对能耗双控影响评估和用能指标来源审查。全面梳理在建、拟建、存量高耗能、高排放（以下简称"两高"）项目，坚决遏制"两高"项目盲目发展。新上"两高"项目的地区，应挖掘相应存量能耗予以对冲，确保不影响能耗强度下降目标的完成。对未达到能耗强度下降目标进度要求的地区，实行"两高"项目缓批限批。建立节能审查实施情况定期调度机制，按月报送年综合能源消费量1000吨标准煤以上项目节能审查情况。

四、严格节能监督执法

加强省、市、县三级节能监察队伍和能力建设，严肃查处违法违规用能行为。制定节能监察年度计划，全面开展"两高"行业强制性节能标准执行情况检查，对超过单位产品能耗限额标准用能的生产单位责令限期整改；不能整改的，依法依规予以关停。强化节能审查事中事后监管，对未取得节能审查意见或节能审查未通过，擅自开工建设或投产的项目，以及把关不严、落实节能审查意见不力的项目，严格按要求进行限期整改。实行节能监察执法责任制，强化执法问责，对行政不作为、执法不严等行为，严肃追究有关部门和执法机构的责任。

第二节 持续实施节能降耗重点工程

一、重点行业绿色升级工程

以火电、石化化工、钢铁、有色金属、建材、造纸、纺织印染等行业为重点，深入开展节能减排诊断，建立能效、污染物排放先进和落后清单，全面推进节能改造升级和污染物深度治理，提高生产工艺和技术装备绿色化水平。推广高效精馏系统、高温高压干熄焦、富氧强化熔炼、多孔介质燃烧等节能技术，推动高炉—转炉长流程炼钢转型为电炉短流程炼钢。加快推进钢铁、水泥等行业超低排放改造和燃气锅炉低氮燃烧改造，截至 2025 年底，全省钢铁企业按照国家要求完成超低排放改造。推进行业工艺革新，实施涂装类、化工类等产业集群分类治理，开展重点行业清洁生产和工业废水资源化利用改造，在火电、钢铁、纺织印染、造纸、石化化工、食品和发酵等高耗水行业开展节水建设。推进新型基础设施能效提升，优化数据中心建设布局，新建大型、超大型数据中心原则上布局在粤港澳大湾区国家枢纽节点数据中心集群范围内，推动存量数据中心绿色升级改造。"十四五"时期，全省规模以上工业单位增加值能耗下降14.0%，万元工业增加值用水量降幅满足国家下达目标要求。到 2025 年，通过实施节能降碳行动，钢铁、水泥、平板玻璃、炼油、乙烯、烧碱、陶瓷等重点行业产能和数据中心达到能效标杆水平的比例超过 30%。

二、园区节能环保提升工程

引导工业企业向园区集聚，新建化学制浆、电镀、印染、鞣革等项目原则上入园集中管理。以高耗能、高排放项目集聚度高的工业园区为重点，推动能源系统整体优化和能源梯级利用，开展污染综合整治专项行动，推动可再生能源在工业园区的应用。以省级以上工业园区为重点，推进供热、供电、污水处理、中水回用等公共基础设施共建共享，加强一般固体废物、危险废物集中贮存和处置，推进省级以上工业园区开展"污水零直排区"创建，推动涂装中心、活性炭集中再生中心、电镀废水及特征污染物集中治理等"绿岛"项目建设。到 2025 年，建成一批节能环保示范园区，省级以上工业园区基本实现污水全收集全处理。

三、城镇节能降碳工程

全面推进城镇绿色规划、绿色建设、绿色运行管理，推动低碳城市、韧性城市、海绵城市、"无废城市"建设。全面提高建筑节能标准，加快发展超低能耗、近零能耗建筑，全面推进新建民用建筑按照绿色建筑标准进行建设，大型公共建筑和国家机关办公建筑、国有资金参与投资建设的其他公共建筑按照一星级及以上绿色建筑标准进行建设。结合海绵城市建设、城镇老旧小区改造、绿色社区创建等工作，推动既有建筑节能和绿色化改造。推进建筑光伏一体化建设，推动太阳能光热系统在中低层住宅、酒店、宿舍、公寓建筑中应用。完善公共供水管网设施，提升供水管网漏损控制水平。到 2025 年，城镇新建建筑全面执行绿色建筑标准，新增岭南特色超低能耗、近零能耗建筑 200 万平方米，完成既有建筑节能绿色改造面积 2600 万平方米以上，新增太阳能光电建筑应用装机容量 1000 兆瓦。

四、交通物流节能减排工程

推动交通运输规划、设计、建设、运营、养护全生命周期绿色低碳转型，建设一批绿色交通基础设施工程。完善充换电、加注（气）、加氢、港口机场岸电等布局及服务设施，降低清洁能源用能成本。大力推广新能源汽车，城市新增、更新的公交车全部使用电动汽车或氢燃料电池车，各地市新增或更新的城市物流配送、轻型邮政快递、轻型环卫车辆使用新能源汽车比例达到 80% 以上。发挥铁路、水运的运输优势，推动大宗货物和长途货物"公转水""公转铁"及"水水中转"，建设完善集疏港铁路专用线，大力发展铁水、公铁、公水等多式联运。全面实施重型柴油车国六（B）排放标准和非道路移动机械第四阶段排放标准，基本淘汰国三及以下排放标准的柴油和燃气汽车。深入实施清洁柴油机行动，推动重型柴油货车更新替代。实施汽车排放检验与维护制度，加强机动车排放召回管理。加强船舶清洁能源动力推广应用，2025 年底前形成较完善的珠三角内河 LNG 动力船舶运输网络。推动船舶受电设施改造，本地注册船舶受电装置做到应改尽改。提升铁路电气化水平，燃油铁路机车加快改造升级为电力机车，未完成"油改电"改造的机车必须使用符合国家标准国Ⅵ车用柴油（含硫量不高于 10ppm），推广低能耗运输装备，推动实施铁路内燃机车国一排放标准。推动互联网、大数据、人工智能等与交通行业深度融合，加快客货运输组织模式创新和新技术新设备应用。推进绿色仓储和绿色物流园区建设，推广标准化物流周转箱。强化快递包装绿色转型，加快推进同城快递环境友好型包装材料全面应用。到 2025 年，全省新能源汽车新车销量达到汽车销售总量的 20% 左右，铁路、水路大宗货物运输量较 2020 年大幅增长。

五、农业农村节能减排工程

改进农业农村用能方式，完善农村电网建设，推进太阳能、风能、地热能等规模化利用和生物质能清洁利用。推进老旧农机报废，加快农用电动车辆、节能环保农机装备、节油渔船的推广应用。发展节能农业大棚，探索推进功能现代、结构安全、成本经济、绿色环保的现代新型农房建设，加大存量农房节能改造指导力度。强化农业面源污染防治，优先控制重点湖库及饮用水水源地等敏感区域农业面源污染。推进农药化肥减量增效、秸秆综合利用，加快农膜和农药包装废弃物回收处理。加强养殖业污染防治工作，推进畜禽粪污资源化利用和规模畜禽养殖户粪污处理设施装备配套，建设粪肥还田利用示范基地，推进种养结合循环发展。整治提升农村人居环境，因地制宜选择农村生活污水治理模式，提高农村污水垃圾处理能力，基本消除较大面积的农村黑臭水体。强化农村污水处理设施运营监管，定期对日处理能力 20 吨及以上的农村生活污水处理设施出水水质开展监测。到 2025 年，全省实现畜禽粪污综合利用率达到 80% 以上，规模养殖场粪污处理设施装备率达到 97% 以上，农村生活污水治理率达到 60% 以上，秸秆综合利用率稳定在 86% 以上，主要农作物化肥利用率稳定在 40% 以上，绿色防控覆盖率达到 55%，水稻统防统治覆盖率达到 45%。

六、公共机构能效提升工程

持续推进公共机构既有建筑围护结构、制冷、照明、电梯等综合型用能系统和设施设备节能改造，增强示范带动作用。推行合同能源管理等市场化机制，鼓励采用能源费用托管等合同能源管理模式，调动社会资本参与公共机构节能工作。推动公共机构带头率先淘汰老旧车和使用新能源汽车，每年新增及更新的公务用车中新能源汽车和节能车比例不低于 60%，其中，新能源汽车比例原则上不低于30%，大力推进新建和既有停车场的汽车充（换）电设施设备建设，鼓励内部充（换）电设施设备向社会公众开放。推行能耗定额管理，强化广东省公共机构能源资源消耗限额标准应用。全面开展节约型机关创建活动，以典型示范带动公共机构不断提升能效水平。到2025年，全省力争80%以上的县级及以上党政机关建成节约型机关，完成国家下达给广东省的创建节约型公共机构示范单位和遴选公共机构能效领跑者任务。

七、重点区域污染物减排工程

持续推进污染防治攻坚行动，加大重点行业结构调整和污染治理力度。以臭氧污染防治为核心，强化多污染物协同控制和区域协同治理，完善"省—市—县"三级预警应对机制。在国家指导下深入开展粤港澳大湾区大气污染防治协作，积极打造空气质量改善先行示范区。巩固提升水环境治理成效。全面落实河湖长制，统筹推进水资源保护、水安全保障、水污染防治、水环境治理、水生态修复。加强饮用水水源地规范化建设，强化监测预警和针对性整治，确保重点饮用水水源地水质100%达标。强化重点流域干支流、上下游协同治理，深入推进工业、城镇、农业农村、港口船舶"四源共治"，巩固地级及以上城市建成区黑臭水体治理成效。到2025年，县级以上城市建成区黑臭水体全面清除。

八、煤炭清洁高效利用工程

坚持先立后破，在确保电力安全可靠供应的前提下，稳妥推进煤炭消费减量替代和转型升级，形成煤炭清洁高效利用新格局。推进存量煤电机组节煤降耗改造、供热改造、灵活性改造"三改联动"，持续推动煤电机组超低排放改造，推进服役期满及老旧落后燃煤火电机组有序退出。珠三角核心区逐步扩大Ⅲ类（严格）高污染燃料禁燃区范围，沿海经济带—东西两翼地区和北部生态发展区Ⅲ类禁燃区扩大到县级及以上城市建成区。推进30万千瓦及以上热电联产机组供热半径15公里范围内的燃煤锅炉、生物质锅炉（含气化炉）和燃煤小热电机组（含自备电厂）关停整合。

鼓励现有使用高污染燃料的工业炉窑改用工业余热、电能、天然气等；全省玻璃、铝压延、钢压延行业基本完成清洁能源替代。燃料类煤气发生炉采用清洁能源替代，或因地制宜采取园区（集群）集中供气、分散使用的方式；逐步淘汰固定床间歇式煤气发生炉。到 2025 年，非化石能源占能源消费总量比重达到 32% 左右。

九、绿色高效制冷工程

推进制冷产品企业生产更加高效的制冷产品，大幅提高变频、温（湿）度精准控制等绿色高端产品供给比例。严格控制生产过程中制冷剂泄漏和排放，积极推动制冷剂再利用和无害化处理，引导企业加快转换为采用环保制冷剂的空调生产线。促进绿色高效制冷消费，加大绿色高效制冷创新产品政府采购支持力度。鼓励有条件的地区实施"节能补贴""以旧换新"，采用补贴、奖励等方式，支持居民购买能效标识 2 级以上的空调、冰箱等高能效制冷家电、更新更换老旧低效制冷家电产品。推进中央空调、数据中心、商务产业园、冷链物流等重点领域节能改造，强制淘汰低效制冷产品，提升能效和绿色化水平。到 2025 年，绿色高效制冷产品市场占有率大幅提升。

十、挥发性有机物综合整治工程

推进原辅材料和产品源头替代工程，实施全过程污染物治理。以工业涂装、包装印刷等行业为重点，推动使用低挥发性有机物含量的涂料、油墨、胶粘剂、清洗剂。深化石化化工等行业挥发性有机物污染治理，重点排查整治储罐、装卸、敞开液面、泄漏检测与修复（LDAR）、废气收集、废气旁路、治理设施、加油站、非正常工况、产品 VOCs 质量等涉 VOCs 关键环节。组织排查光催化、光氧化、水喷淋、低温等离子及上述组合技术的低效 VOCs 治理设施，对不能达到治理要求的实施更换或升级改造。对易挥发有机液体储罐实施改造，推动珠三角核心区以及揭阳大南海石化基地、湛江东海岛石化基地、茂名石化基地 50% 以上储存汽油、航空煤油、石脑油以及苯、甲苯、二甲苯的浮顶罐使用全液面接触式浮盘；鼓励储存其他涉 VOCs 产品的储罐改用浮顶罐，开展内浮顶罐废气排放收集和治理。污水处理场排放的高浓度有机废气实施单独收集处理，采用燃烧等高效治理技术，含 VOCs 有机废水储罐、装置区集水井（池）排放的有机废气实施密闭收集处理。加强油船和原油、成品油码头油气回收治理，运输汽油、航空煤油、石脑油和苯、甲苯、二甲苯等车辆按标准采用适宜装载方式，推广采用密封式快速接头，铁路罐车推广使用锁紧式接头。到2023 年，广州、惠州、茂名和湛江万吨级及以上原油、成品油码头装船泊位按照标准要求完成油气回收治理。到 2025 年，溶剂型工业涂料、油墨、胶粘剂等使用量下降比例达到国家要求；基本完成低效 VOCs 治理设施改造升级；年销售汽油量大于 2000 吨的加油站全部安装油气回收自动监控设施并与生态环境部门联网。

十一、环境基础设施能力提升工程

加快构建集污水、垃圾、固体废物、危险废物、医疗废物处理处置设施和监测监管能力于一体的环境基础设施体系，推动形成由城市向建制镇和乡村延伸覆盖的环境基础设施网络。加快补齐城镇生活污水管网缺口，推动支次管网建设。大力推进管网修复和改造，实施混错接管网改造、老旧破损管网更新修复，推行污水处理厂尾水再生利用和污泥无害化处置。建设分类投放、分类收集、分类运输、分类处理的生活垃圾处理系统。到2025 年，广州、深圳生活污水集中收集率达到 85% 以上，珠三角各市（广州、深圳、肇庆除外）达到 75% 以上或比 2020 年提高 5 个百分点以上，其他城市力争达到 70% 以上或比 2020 年提高 5 个百分点以上；地级以上城市再生水利用率达到 20% 以上，地级以上缺水城市（广州、深圳、佛山、东莞、中山、汕头）达到 25% 以上；地级以上市城市建成区污泥无害化处置率达到95%，其他地区达到80% 以上；各地级以上市基本建成生活垃圾分类处理系统。

十二、节能减排科技创新与推广工程

发挥大型龙头节能减排技术企业引领作用，强化企业创新主体地位，支持企业牵头承担或参与国家和省的节能减排领域科技项目。采用"揭榜挂帅"等方式解决节能减排关键核心技术攻关难题，开展新型节能材料、可再生能源与建筑一体化、轨道交通能量回收、新能源汽车能效提升、重金属减排、农村环境综合整治与面源污染防治、危险废物环境风险防控与区域协同处置、节能环保监测技术和仪器设备等方向攻坚。加强政策支持和示范引领，全面推动节能减排技术推广应用，定期更新发布广东省节能技术、设备（产品）推广目录，持续开展先进适用技术遴选。以超高能效电机、超低排放改造、低 VOCs 含量原辅材料和替代产品、VOCs 废气收集等技术为重点，实施一批节能减排技术示范工程项目。加大产业、财税、金融政策支持力度，全面落实首台（套）装备奖补政策。到 2025 年，推广先进适用节能减排技术 200 项。

第三节　制定高耗能行业管理政策措施

一、细分"两高"统计范围

"十四五"之初，部分地区争相上马高耗能、高排放项目，严重影响了碳达峰目标的实现和区域环境质量的改善。《"十四五"规划和 2035 年远景目标纲要》提出，要坚决遏制"两高"项目盲目发展，推动绿色转型实现积极发展。习近平总书记在主持中共中央政治局第二十九次集体学习时强调，要把实现减污降碳协同增效作为促进经济社会发展全面绿色转型的总抓手，加快推动产业结构、能源结构、交通运输结构、用地结构调整。不符合要求的高耗能、高排放项目要坚决拿下来。

2021 年 5 月，生态环境部印发了《关于加强高耗能、高排放建设项目生态环境源头防控的指导意见》（环评〔2021〕45 号，以下简称《指导意见》），该意见立足区域环评、规划环评、项目环评、排污许可、监督执法、督察问责"六位一体"全过程环境管理框架，明确环境管理要求，引导"两高"项目低碳绿色转型发展。环评是约束项目与规划环境准入的法制保障，是在发展中守住绿水青山的第一道防线，对于协同推进经济高质量发展和生态环境高水平保护发挥着重要作用。《指导意见》对强化"两高"项目环评审批提出了三条要求：一是严把建设项目环境准入关。新改扩建"两高"项目必须符合生态环境保护法律法规和相关法定规划要求，满足重点污染物排放总量控制、碳排放达峰目标、生态环境准入清单、相关规划环评和相应行业建设项目环境准入条件、环评文件审批原则要求。二是落实区域削减要求。区域削减是实现区域"增产不增污"和环境质量改善的重要措施。新建"两高"项目应按照污染物区域削减有关规定，制定配套区域污染物削减方案，采取措施腾出足够环境容量。三是合理划分地方环评审批事权。针对"放管服"背景下有些地方层层下放审批权限、基层接不住管不好的问题，要求省级生态环境部门加强对基层"两高"项目环评审批的监督与评估，对审批能力不适应的依法调整上收。同时，明确"两高"项目暂按煤电、石化、化工、钢铁、有色金属冶炼、建材六个行业类别，后续对"两高"范围国家如有明确规定的，从其规定。

按照《国民经济行业分类》（GB/T4754—2017），工业行业共分41个大类，207个工业中类、666个工业小类。高耗能行业内部不同环节的单位增加值能耗相差较大，以化学原料和化学制品制造业为例：乙烯、丙烯、PX等产品以石油馏分为原料，原料也计入能源消费，单位工业增加值能耗是工业平均水平的10倍，但是下游的产品能耗较低，如聚乙烯、聚丙烯、PTA等企业的单位工业增加值能耗不到工业平均水平的1/10。因此，应在煤电、石化、化工、钢铁、有色金属冶炼、建材六个"两高"行业内部，进一步细分"两高"统计范围。

二、研究制定区域节能审查工作机制

区域能评是指在特定区域内，分析区域用能现状，提出一个时期内该区域能源消费"双控"（即能源消费的强度控制与总量控制）目标与任务，明确与该区域产业规划相适应的节能措施和能效标准，制定区域用能企业负面清单，编制区域节能报告。以审查通过的区域节能报告取代一般企业项目节能报告，单个建设项目不再进行评估评审，但对项目建设单位实行承诺备案管理，且依法开展事中事后监管，以达到简化行政审批手续、服务企业和落实节能降耗目标任务的目的。通过区域节能审查改革，进一步简化节能审查环节，提高节能审查工作效率，进一步完善节能审查工作体系，形成高效节能审查工作机制，进一步增强用能单位节能降耗责任意识，调动用能单位节能降耗积极性和主动性，严守"双控"目标，从源头严控高耗能项目增长，进一步提升行业和区域能效水平，促进区域经济高质量发展。对于"两高"项目、年综合能耗达到 1 万吨标煤以上项目、国家确定的产能过剩行业项目和报国务院审批或报国家发展改革委审批、核准立项的固定资产投资项目，建议单独开展项目节能审查工作，并出具节能审查意见。

三、制定实施相关行业能效标准

节能标准在能效提升方面起着基础性支撑作用和战略性引领作用，《国务院关于印发 2030 年前碳达峰行动方案的通知》（国发〔2021〕23 号）也强调要加快节能标准更新，修订一批能耗限额、产品设备能效强制性国家标准和工程建设标准，提高节能降碳要求。《中华人民共和国节约能源法》第十三条规定，省、自治区、直辖市制定严于强制性国家标准、行业标准的地方节能标准，由省、自治区、直辖市人民政府报经国务院批准。《广东省发展改革委关于印发〈广东省坚决遏制"两高"项目盲目发展的实施方案〉的通知》（粤发改能源〔2021〕368 号）也提出结合能耗双控工作要求，加快制修订一批节能标准，提高重点行业能耗限额准入标准，切实加大引领倒逼力度。《国务院办公厅关于加强节能标准化工作的意见》（国办发〔2015〕16 号）提出，将"领跑者"企业的能耗水平确定为高耗能及产能严重过剩行业准入指标；能效标准中的能效限定值和能耗限额标准中的能耗限定值应至少淘汰 20% 左右的落后产品和落后产能。

广东省应整合行业专家资源、聚焦企业、高校科研院所、设计单位、行业协会学会以及相关单位，发挥特长，集中力量，结合广东能源消费行业特点和能效水平，加快地方能效标准制修订，为实施固定资产投资项目节能审查制度、高耗能产品淘汰、节能产品政府采购差别电价、惩罚性电价等政策措施提供标准支撑。

进一步提出节能领域标准化工作的政策和措施建议，推动建立和完善各专业领域标准体系。开展节能地方标准的起草、征求意见、技术审查、复审工作以及节能领域标准宣贯和标准起草人员培训。开展节能标准实施情况的评估、研究分析，及时了解标准实施信息。支持企事业单位承担参与节能国际标准、国家标准、行业标准、地方标准和团体标准的制修订以及相关标准化活动。

四、制定下达重点行业能耗双控指标

开展能耗双控工作是深入贯彻落实中共中央、国务院关于碳达峰、碳中和的重大举措，加强能耗"双控"，提升重点行业、重点用能单位能效水平，将为广东省大力发展战略性新兴产业腾出能耗空间，对广东实现全方位推动高质量发展具有重大意义。"十四五"时期在对相关重点耗能行业开展研究的基础上，除对地市进行能耗"双控"指标分解外，对重点耗能行业和未来能耗增速潜力较大的行业开展能耗"双控"管理方式作为广东完成国家能耗"双控"目标的辅助管控方式，从而达到抑制高耗能行业过快增长和解决产业附加值较低的问题。为推动重点工业领域节能降碳和绿色转型，助力如期实现碳达峰目标，能耗强度方面，原则上各重点用能单位的单位产品或万元增加值能耗应稳中有降。统筹节能降耗与经济社会发展，适当增加重点用能单位能耗总量管理的弹性。

五、探索建立区域用能权交易机制

2015年9月，国务院印发《生态文明体制改革总体方案》，提出"推行用能权和碳排放权交易制度。结合重点用能单位节能行动和新建项目能评审查，开展项目节能量交易，并逐步改为基于能源消费总量管理下的用能权交易。建立用能权交易系统、测量与核准体系"。《中共中央关于制定国民经济和社会发展第十三个五年规划的建议》中明确提出，"建立健全用能权、用水权、排污权、碳排放权初始分配制度，创新有偿使用、预算管理、投融资机制，培育和发展交易市场"。

2016年7月，国家发展改革委印发了《关于开展用能权有偿使用和交易试点工作的函》（发改环资〔2016〕1659号，以下简称《试点方案》），在浙江、福建、河南、四川4个省份先行开展用能权交易试点。2016年9月，中共中央办公厅、国务院办公厅印发《国家生态文明试验区（福建实施方案》，将"建立用能权交易制度。继续推进水泥、火电行业节能量交易试点工作，力争2017年出台福建省用能权有偿使用和交易方案，将节能量交易调整为基于能源消费总量控制下的用能权交易，率先开展用能权交易试点"等工作确定为福建省生态文明试验区建设的重点任务之一。

用能权交易是贯彻落实能耗"双控"行动的重大举措，是促进能源市场化改革的重要手段，是创新管理模式以破解当前广东能耗控制问题的迫切需要，是发挥市场作用推进多元化生态补偿的有效机制。

要探索建立广东省的用能权交易机制，一是科学合理确定用能权指标。合理确定全省能源消费总量控制目标，科学分配用能单位初始用能权，建立用能权指标注册登记系统。二是建立用能指标收储机制。以有偿或无偿方式收储全省范围内淘汰产能、产能过剩的用能指标，形成用能指标收储台账，可用于保障重大项目落地的用能需求。三是推进用能权有偿使用。对于现有产能的用能指标采取免费分配，逐步过渡至按一定比例的有偿分配，用能权有偿使用的收入主要用于区域节能减排的投入、生态补偿等相关工作；对于新增产能以及超限额用能的单位，其新增用能指标以及超限额用能指标需通过二级市场交易取得。四是建立用能权交易平台。建立全省统一的用能权交易平台，规范用能权交易程序，建立信息化管理系统。五是建立能源消费报告、审核和核查制度。制定全省统一的能源消费报告、核查指南、标准等技术规范，建立企业能源消费核查制度，加强企业用能数据管理，确保企业用能数据的真实可靠。六是落实履约机制。建立奖惩机制，确保责任主体及时履行履约义务。